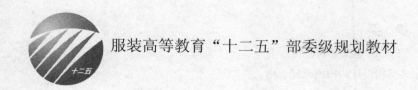

服装高等教育"十二五"部委级规划教材

裙装结构设计

徐雅琴　刘国伟　钟华东　编著

U0280160

中国纺织出版社

内 容 提 要

本书是服装高等教育"十二五"部委级规划教材。书中从裙装结构设计的角度，对裙装结构设计的构成原理、构成细节、款式变化等方面，进行了系统而较全面地解构与分析。具体内容包括裙装结构设计概述、裙装结构设计方法、直裙结构设计、A字裙结构设计、斜裙结构设计及裙装综合结构设计。全书以简洁的文字配以大量的应用实例，系统地介绍了裙装结构设计的全过程，裙装分类合理、操作性强。

本书既可作为服装院校师生的专业教材，也可供与服装专业相关的技术人员、服装制作爱好者自学参考。

图书在版编目（CIP）数据

裙装结构设计／徐雅琴，刘国伟，钟华东编著. —北京：中国纺织出版社，2014.6
服装高等教育"十二五"部委级规划教材
ISBN 978-7-5180-0544-4

Ⅰ.①裙… Ⅱ.①徐… ②刘… ③钟… Ⅲ.①裙子—服装结构—高等学校—教材 Ⅳ.①TS941.717.8

中国版本图书馆CIP数据核字（2014）第058947号

策划编辑：张晓芳　张　祎　　责任编辑：张　祎
责任校对：寇晨晨　　责任设计：何　建　　责任印制：储志伟

中国纺织出版社出版发行
地址：北京市朝阳区百子湾东里A407号楼　邮政编码：100124
销售电话：010—87155894　传真：010—87155801
http：//www.c-textilep.com
E-mail：faxing@c-textilep.com
官方微博http://weibo.com/2119887771
三河市宏盛印务有限公司印刷　各地新华书店经销
2014年6月第1版第1次印刷
开本：787×1092　1/16　印张：11.5
字数：168千字　定价：32.00元

凡购本书，如有缺页、倒页、脱页，由本社图书营销中心调换

出版者的话

《国家中长期教育改革和发展规划纲要》中提出"全面提高高等教育质量""提高人才培养质量"。教育部教高[2007]1号文件"关于实施高等学校本科教学质量与教学改革工程的意见"中，明确了"继续推进国家精品课程建设"，"积极推进网络教育资源开发和共享平台建设，建设面向全国高校的精品课程和立体化教材的数字化资源中心"，对高等教育教材的质量和立体化模式都提出了更高、更具体的要求。

"着力培养信念执着、品德优良、知识丰富、本领过硬的高素质专门人才和拔尖创新人才"，已成为当今本科教育的主题。教材建设作为教学的重要组成部分，如何适应新形势下我国教学改革要求，配合教育部"卓越工程师教育培养计划"的实施，满足应用型人才培养的需要，在人才培养中发挥作用，成为院校和出版人共同努力的目标。中国纺织服装教育学会协同中国纺织出版社，认真组织制订"十二五"部委级教材规划，组织专家对各院校上报的"十二五"规划教材选题进行认真评选，力求使教材出版与教学改革和课程建设发展相适应，充分体现教材的适用性、科学性、系统性和新颖性，使教材内容具有以下三个特点：

（1）围绕一个核心——育人目标。根据教育规律和课程设置特点，从提高学生分析问题、解决问题的能力入手，教材附有课程设置指导，并于章首介绍本章知识点、重点、难点及专业技能，增加相关学科的最新研究理论、研究热点或历史背景，章后附有形式多样的思考题等，提高教材的可读性，增加学生的学习兴趣和自学能力，提升学生的科技素养和人文素养。

（2）突出一个环节——实践环节。教材出版突出应用性学科的特点，注重理论与生产实践的结合，有针对性地设置教材内容，增加实践、实验内容，并通过多媒体等形式，直观反映生产实践的最新成果。

（3）实现一个立体——开发立体化教材体系。充分利用现代教育技术手段，构建数字教育资源平台，开发教学课件、音像制品、素材库、试题库等多种立体化的配套教材，以直观的形式和丰富的表达充分展现教学内容。

教材出版是教育发展中的重要组成部分，为出版高质量的教材，出版社严格甄选作者，组织专家评审，并对出版全过程进行跟踪，及时了解教材编写进度、编写质量，力求做到作者权威、编辑专业、审读严格、精品出版。我们愿与院校一起，共同探讨、完善教材出版，不断推出精品教材，以适应我国高等教育的发展要求。

中国纺织出版社

教材出版中心

前言

　　服装结构设计作为服装设计与工程类及服装艺术设计类学生的专业特色课，是服装专业教学中的必修课程。服装结构设计课程的培养目标是以面向应用型人才培养为核心，在教学中应着力培养学生解决服装结构设计实际问题的能力、创新能力以及分析问题的能力，使本课程教学能够充分满足社会对服装专业人才的要求。我国服装工业的迅速发展，需要大量服装结构设计方面的人才。目前，随着服装CAD的应用与逐渐普及，对服装结构设计的精确性提出了更高的要求。为了适应服装结构设计课程学习的要求，作者根据自己多年教学与科研的实践经验编写了本教材，希望能给服装本科学生及广大读者提供一本既能保持教学的系统性，又能反映当前服装结构设计发展最新成果的教科书。

　　服装结构设计是以研究服装结构规律及分解原理为基础，通过对服装款式结构的展开、分割等方法，构成以服装平面结构图为主要内容的一门专业性很强的课程。本书在教学内容方面以裙装结构设计为主线，注重知识点和能力培养的对接。知识模块部分包括裙装结构设计概述和设计方法；能力培养模块部分包括各类裙装基型、基本款式及变化款式的实例制作过程的展开与细节的解析，使学生在理解裙装结构设计基本原理的基础上，具备独立进行裙装结构设计的能力。

　　本书的具体内容包括基础知识、基本原理及实例解析。以全面而系统的理论知识为基础，在内容的深度与精度上根据裙装结构设计的教学要求予以充实和加强。从裙装结构的设计方法直至各类裙装的制作和解析，强调实际操作的应用能力，有效地实现教学内容向实际操作能力的转化，达到培养动手能力强的应用型人才的目的。因此，具有先进性、科学性和实用性的知识体系是本书编写的基本思路。本书的具体写作思路是在理清知识点的基础上，将各知识点的导入与相关的应用前后衔接，即形成完整的从知识点出发、上升为相关知识的解析、提高至相关知识的应用与实践的链接。

　　本书在编写过程中注意保持了教学内容的系统性，同时以裙装结构设计应用为主要目标，具有裙装分类合理、操作性强的特色。在介绍裙装各类基本款式的结构设计方法的基础上，对各类裙装结构设计方法等进行了细节解析。同时，进一步拓展了各类裙装的变化方法，力求能使学习者理解裙装结构设计的发展规律，达到举一反三的目的。在编写中，作者力求做到层次清楚，语言简洁流畅，内容丰富，既便于读者循序渐进地系统学习，又能使读者了解裙装结构设计新的发展。希望本书能对读者掌握裙装结构设计的知识与应用有一定的帮助。

在裙装结构设计的教学中，既要重视裙装结构设计基础知识的学习，更要注重学生应用能力的培养，注意按照课时安排教学内容以及教学内容的系统性、应用性、动态性，讲清概念、讲清联系、讲清作用。鉴于服装具有流行性的特点，可结合裙装流行动态及时调整变化款式。本书适合服装高等教育作为教材，同时也可作为服装专业技术人员、服装爱好者的自学参考用书。

参加本书编写的人员还有惠洁、施金妹、潘静、吴崴、施亮、叶玮、顾嘉、叶国权、顾耀发、王文娟、邵敏娥、李昊、叶琴、徐国钧、李纲余、叶雪霞等。本书在撰写的过程中，得到了孙熊教授、冯翼校长、包昌法教授的热情指导和帮助，得到了上海工程技术大学服装学院领导的大力支持，得到了中国纺织出版社服装分社的信任和支持，在此一并表示衷心的感谢。

由于作者编写时间有限，书中难免有不足之处，敬请各位专家、读者指正。

编著者
2014年2月

教学内容及课时安排

章/课时	课程性质/课时	节	课程内容
第一章 （2课时）	基础理论 （4课时）		·裙装结构设计概述
		一	裙装构成的相关因素
		二	裙装结构设计基础
第二章 （2课时）			·裙装结构设计方法
		一	裙装结构的基础图形
		二	裙装外形轮廓构成
第三章 （16课时）	应用与技能 （48课时）		·直裙结构设计
		一	直裙基型
		二	直裙基本款
		三	直裙变化款
第四章 （16课时）			·A字裙结构设计
		一	A字裙基型
		二	A字裙基本款
		三	A字裙变化款
第五章 （16课时）			·斜裙结构设计
		一	斜裙基型
		二	斜裙基本款
		三	斜裙变化款
第六章 （12课时）	运用与拓展 （12课时）		·裙装综合结构设计
		一	综合型裙装
		二	斜裁法裙装

注　各院校可根据自身的教学特点和教学计划对课程时数进行调整。

目录

基础理论——

裙装结构设计概述

```
课题内容：裙装构成的相关因素
         裙装结构设计基础
课题时间：2课时
教学目的：通过本章的学习，了解裙装结构与人体体型、规格设
         计与款式设计的关系以及相关的基础知识。
教学方式：应用PPT课件、板书与教师讲授同步进行。
教学要求：1. 了解与裙装结构相关的人体体型的点、线、面的
            各部位位置及人体测量的方法。
         2. 了解与裙装结构相关的规格、款式设计的方法。
         3. 了解裙装结构设计的工具、图线、符号及代号的
            使用方法。
```

第一章 裙装结构设计概述

在"服装设计"总概念的前提下，服装设计是由服装造型设计、服装结构设计及服装工艺设计三部分组成。服装造型设计的表现形式是服装款式效果图，呈现的是立体的服装概念；服装结构设计的表现形式是服装结构图，呈现的是平面的服装纸样；服装工艺设计的表现形式是服装工艺文件，最终形成立体的服装实样。服装设计的过程是由立体转化为平面，再由平面转化为立体。其中，服装结构设计具有承上启下、至关重要的作用。

从穿着对象的角度出发，服装结构设计可分为男装、女装和童装。女装结构设计在服装结构设计中占有极其重要的地位。通过对女装结构设计原理的展开、结构方法的体现，来完成女装平面结构图，是女装结构设计的根本任务。女装结构设计又可细分为上装结构设计和下装结构设计，而下装结构设计中的裙装结构设计是女性服装中不可或缺的一部分。

裙，一种围裹在人体腰围线以下的服装，无裆缝。裙在古代被称为下裳，现在则专指女性穿着的服装。古今中外，裙装的穿着经久不衰，其魅力可见一斑。裙装的穿着范围广泛，就穿着场合而言，既可居家穿着，如睡裙，也可上班穿着，如直裙、斜裙等，还可在社交场合穿着，如礼服裙等；就穿着季节而言，无论春夏还是秋冬，裙装始终伴随着人们；就选用的面料而言，选择的余地相当大，薄的、厚的、天然纤维、合成纤维……只要与上装相配得宜，均可作为裙装的面料。

第一节 裙装构成的相关因素

裙装结构设计的构成要素为人体体型（腰部以下）相关的点、线、面的构成，裙装的规格构成以及裙装的款式构成。裙装结构设计是通过了解人体体型相关的点、线、面的构成，掌握人体测量的方法，以获取人体的净体规格；以净体规格为基础，考虑人体活动量和裙装的造型因素，构成裙装的成品规格；而裙装的款式构成则是裙装结构设计不可或缺的重要构成因素。

一、人体体型（腰部以下）

（一）人体的点、线、面

基于裙装结构设计与人体体型密切相关的特点，认识和理解人体体型相关的点、线、面的构成及与之相对应的裙装结构图中的点、线、面的位置，也就成为学习裙装结构设计的前提条件之一。

1. **点**（图1-1）

裙装结构相关的点为腰侧点、臀侧点、前后腰中点、前后臀中点、臀高点和髋骨点等。

2. **线**（图1-2）

裙装结构相关的线为前后腰围线、前后中臀围线和膝围线等。

3. **面**（图1-3）

裙装结构相关的面为胯骨部、腰部、前腹部、后臀部和前后膝部等。

（二）人体测量

人体测量是取得服装规格的主要来源之一。人体测量是指测量与人体有关部位的长度、宽度、围度所得的尺寸，作为服装结构设计时的直接依据。

1. **测体工具**（常用工具）

（1）软尺。测体的主要工具，要求质地柔韧、刻度清晰、稳定不缩。

（2）腰节带。围绕腰部最细处，为测量腰节所用（可用软尺、布带或用粗、细绳代替）。

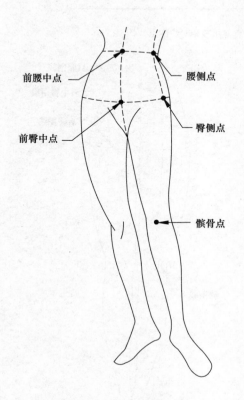
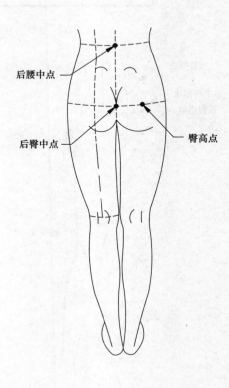

图1-1

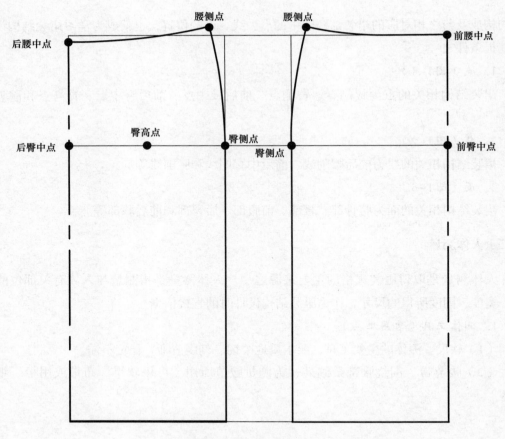

图1-1　人体腰部以下各部位点与裙装相对应的点

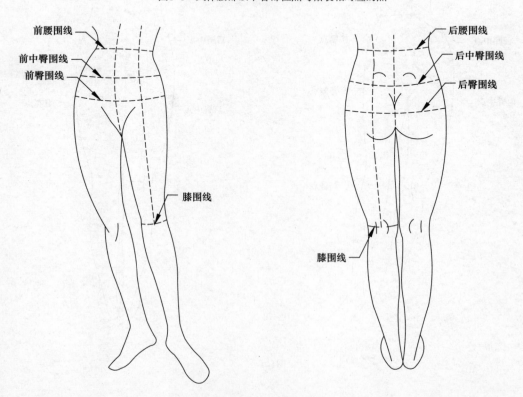

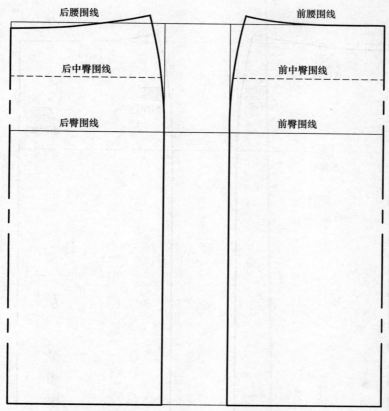

图1-2 人体腰部以下各部位线与裙装相对应的线

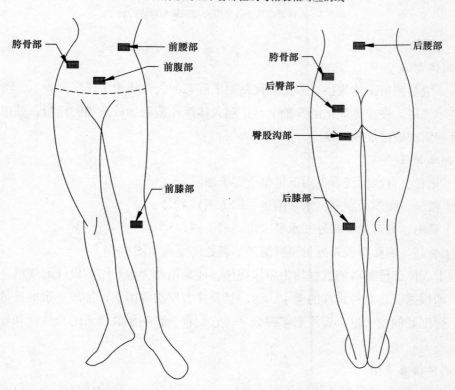

图1-3

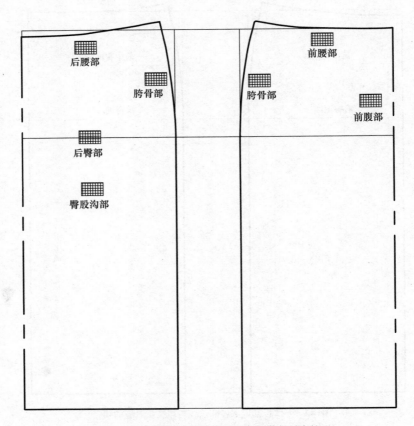

图1-3　人体腰部以下各部位面与裙装相对应的面

2．测体方法

测体一般是测量净体规格，即用软尺贴附于静态的人体体表（仅穿内衣），测得的规格即为净体规格。在净体规格的基础上，按照人体活动需要加放适当的松量，并根据服装款式、穿着层次确定加放松量。

3．测体部位

（1）裙长。自腰围线垂直向下量至所需长度。

（2）腰围。腰部最细处，水平围量一周（图1-4）。

（3）臀围。臀部最丰满处，水平围量一周（图1-5）。

（4）臀高。侧腰部髋骨处量至臀部最丰满处的距离（图1-6）。

按以上人体部位测得的数据均为净体规格。如果拟作为服装结构设计的规格，还需经过处理，即根据服装品种式样的要求、活动量及穿着层次等因素，加放一定的松量。特别是腰围、臀围处的放松量，要注意掌握分寸，它们将会影响服装穿着的合体性和外形的美观性。

4．测体注意事项

（1）测体时必须掌握人体的各有关部位，才能测量出正确的规格尺寸，与服装有关

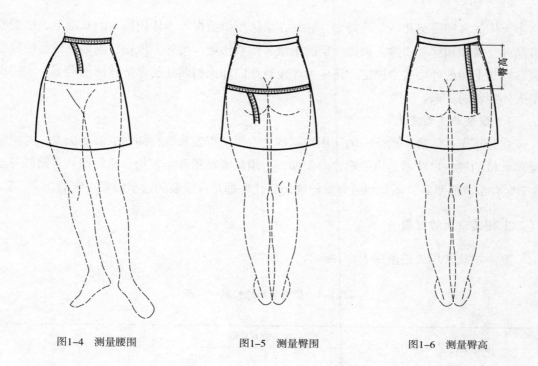

图1-4 测量腰围　　　　　　　图1-5 测量臀围　　　　　　　图1-6 测量臀高

的人体腰部以下的主要部位有腹、腰、胯、臀、大腿根、膝、踝等。若被测者有特殊体征的部位，则应做好记录，以便作相应调整。

（2）要求被测者姿态自然端正，呼吸正常，不能低头、挺胸等，以免影响所测量尺寸的准确性。

（3）测量时，软尺不宜过紧或过松，且应保持横平竖直。

（4）测量跨季服装时应注意对测量尺寸有所增减。

（5）做好每一测量部位的规格尺寸记录，给予必要的说明或简单画出服装式样，注明体型特征和要求等。

二、裙装规格构成

（一）裙装成品规格构成

裙装就其内部每一规格的具体构成来说，包括三个方面的因素，简称"三要素"：一是人体净体规格，二是人体活动因素，三是服装造型因素。

1. 人体的净体规格
人体净体规格来源于人体，由人体测量直接获取。

2. 人体的活动松量
人体活动松量来自于人体活动的需要，人体经常处于活动着的状态中，在不同的姿态下，人体体表或伸或缩，皮肤面积变化很大。在面料无弹性的前提条件下，为了使服装适合于人体的各种姿态和活动的需要，必须在量体所得数据（净体规格）的基础上，根据服装品种、式样和穿着用途，加放一定的余量，即放松量。另外，放松量的多少还要根据服装穿在身上的内外层次来决定，还应考虑流行倾向和面料质地的厚薄软硬因素等，才能满足人体穿着的要求。

3. 服装的造型变化

在合乎于人体静、动统一的实用性基础上，再从审美和流行倾向的需要出发，对服装某些部位的规格尺寸做适当的调整。例如，臀围从紧贴展开至宽松，裙摆围从直筒展开至A字型直至波浪型等，还有裙装外形轮廓的变化，都是以服装的造型因素决定的。

（二）裙装常用放松量

夏季裙装常用放松量如表1-1所示。

表1-1　裙装常用放松量一览表

单位：cm

服装名称	一般应放宽规格		备注
	腰围	臀围	
直裙	2	4~6	穿着季节为夏天
A字裙	2	6~8	穿着季节为夏天
斜裙	2	8以上	穿着季节为夏天

注　由于各地气候条件及穿着习惯不同，表内规格仅供参考。

三、裙装款式构成

（一）裙长的构成

裙长的确定可从很短的超短裙直至脚面的高度范围内。一般情况下，裙长按穿着长度的多少可分为长裙、中长裙和短裙（图1-7）。

（二）裙腰围高形态的构成

裙腰围高度的确定以腰围线为基础，做上下移动变化。一般情况下，可分为高腰、中腰和低腰（图1-8）。

（三）裙腰围线形态的构成

裙腰围线表现为两种形态，即装腰型与连腰型（图1-8）。

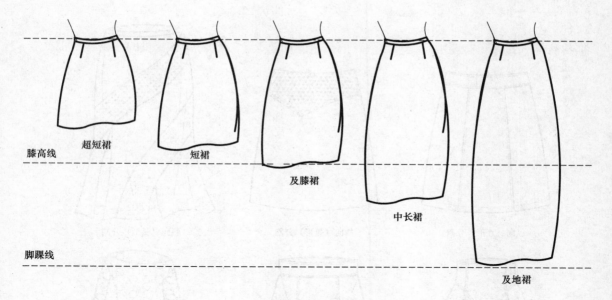

图1-7　裙长构成

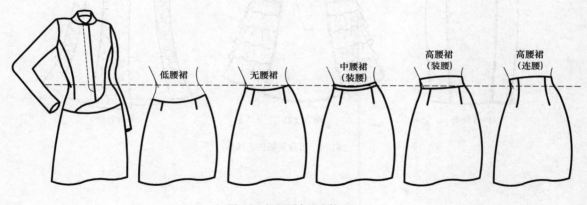

图1-8　裙腰围高形态构成

（四）裙分割线形态的构成

裙分割线按方向变化，可分为纵向分割、横向分割、斜向分割；按分割线的形态变化，可分为直形分割、弧形分割；按分割线的综合运用，可分为组合分割等（图1-9）。

（五）裙裥形态的构成

裙裥按排列的形式，可分为顺裥裙、阴裥裙、扑裥裙（图1-10）。

（六）裙造型的构成

裙造型的变化很多，以下列举一二（图1-11）。

纵向（直形）分割　　　　　横向（弧形）分割　　　　　斜向（弧形）分割

组合分割　　　　　　　　　组合分割　　　　　　　　　组合分割

图1-9　裙分割线形态构成

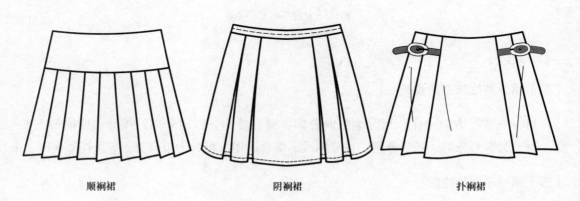

顺裥裙　　　　　　　　　　阴裥裙　　　　　　　　　　扑裥裙

图1-10　裙裥形态构成

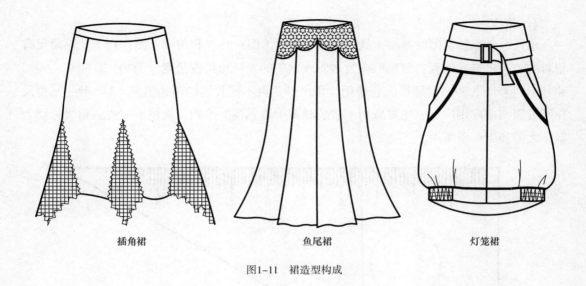

插角裙　　　　　　　　　　　鱼尾裙　　　　　　　　　　　灯笼裙

图1-11　裙造型构成

第二节　裙装结构设计基础

一、工具

（一）尺

尺是服装制图的必备工具，它是绘制直横斜线、弧线、角度、测量人体与服装、核对制图规格所必用的。服装制图所用的尺有以下几种。

1. 直尺

直尺是服装制图的基本工具，直尺的材质有钢、木、塑料、竹和有机玻璃的等。钢直尺刻度清晰、准确，一般用于易变形的尺的校量。木、塑料直尺虽然轻便，但易变形，一般使用不多。竹尺一般是市制居多，因而也使用不多。最适宜制图的是有机玻璃直尺或方格尺，其平直度好、刻度清晰且不易变形，是服装制图的常用工具之一。直尺（图1-12）常用的规格有20cm、30cm、50cm、60cm和100cm等。服装制图中，借助直尺完成直线的绘画，有时也借助直尺辅助完成有些弧线的绘画。

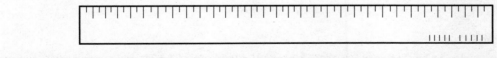

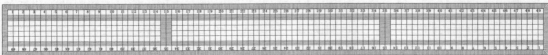

图1-12　直尺

2. 角尺

角尺也是服装制图的基本工具，包括三角尺（图1-13）和角尺（图1-14）。三角尺有塑料的、有机玻璃的等；角尺则多为木质或钢质的。三角尺按角度分为30°、60°、90°和45°、45°、90°两种尺配套使用；角尺则是由不同长度的两边组成"L"型。三角尺在服装制图中应用广泛，主要应用于服装制图中垂直线的绘画。规格不同的三角尺分别为制作大图和缩小图所用。

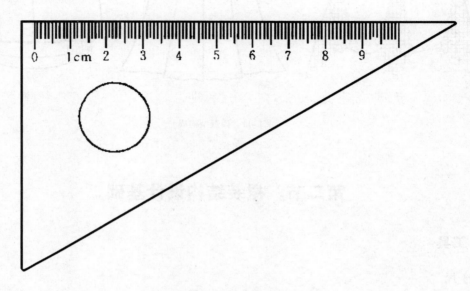

图1-13　三角尺

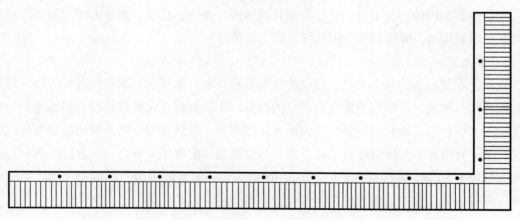

图1-14　角尺

3. 软尺

软尺（图1-15）一般为测体所用，但在服装制图中也有应用。软尺有塑料的、化纤的等，尺面有防缩树脂等涂层，但长期使用，会出现不同程度的收缩，应经常检查。软尺的规格有1.5m、2m等。在服装制图中，软尺经常用于测量和复核各曲线、拼合部位的长度（如测量袖窿、袖山弧线长度等），以判定适宜的配合关系。

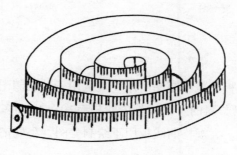

图1-15　软尺

4. 比例尺

比例尺（图1-16）一般是用于按一定比例作图的测量工具。比例尺一般为木质的，也有塑料的，尺形为三棱形，有三个尺面、六个尺边，即六种不同比例的刻度供选用。主要用于机械制图等专业的制图，服装制图也可选用适宜的比例使用。

图1-16　比例尺

5. 服装专用比例尺

服装专用比例尺（图1-17）是按照服装制图中常用的各种比例而制成的一种专供服装制图中绘制结构图所用的专用绘图工具。服装专用比例尺上标有服装制图学习中经常会用到的比例，如1：5、1：4、1：3。服装制图中只要直接选用尺上相应的比例，即能一步到位地绘制该比例的结构图。其次比例尺上还附有量角器及曲线板，主要用于学生上课听讲时绘制结构图。

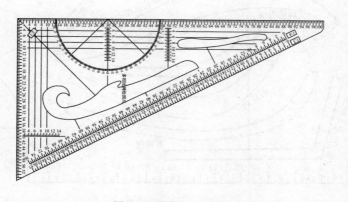

图1-17　服装专用比例尺

（二）曲线板

1. 常用曲线板

一般来说，常用曲线板为机械制图所用，现也用于服装制图。曲线板大多为有机玻璃的（图1-18），也有少量塑料的。曲线板的规格有10～30cm多种，主要用于服装制图中的弧线、弧形部位的绘画。大规格曲线板用于绘制大图，小规格曲线板用于绘制缩小图。

图1-18　常用曲线板

2. 服装专用曲线板

服装专用曲线板（图1-19）是按照服装制图中各部位弧线、弧度变化规律而制成的一种专供服装制图绘制各部位弧线的专用绘图工具。服装专用曲线板上标有服装各部位的名称，在服装制图时，只要直接选用尺上相应的部位，即能一步到位地绘制该部位的弧线。另外，服装专用曲线板还有大、小弯尺（图1-20），主要用于绘制较长的曲线部位，如衣袖的弯弧、裤子的下裆等。

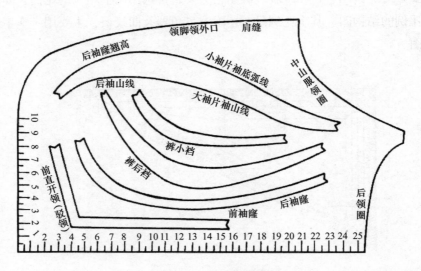

图1-19　服装专用曲线板

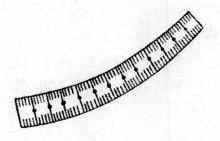

图1-20 弯尺

（三）绘图铅笔与橡皮

绘图铅笔是直接用于绘制服装结构图的工具。绘图铅笔的笔芯有软硬之分，一般以标号HB为中性，B～6B逐渐转软，铅色浓黑，易污脏；H～6H逐渐转硬，铅色浅淡，画线不易涂改。一般来说，缩小图宜用稍硬些的，如H、HB；大图可用软些的，如HB、B，不宜过硬或过软。橡皮用于修改图纸（图1-21）。

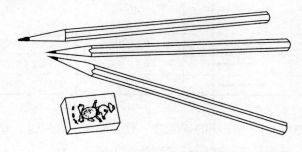

图1-21 绘图铅笔与橡皮

（四）其他

其他还有：彩色笔（图1-22），用于勾画装饰线或区别叠片；墨线笔（图1-23），用于缩小图勾画墨线；画板、图钉等，用于使铅笔保持绘图需要的形状；削铅笔刀，应选用锋利、不易生锈、便于携带的。

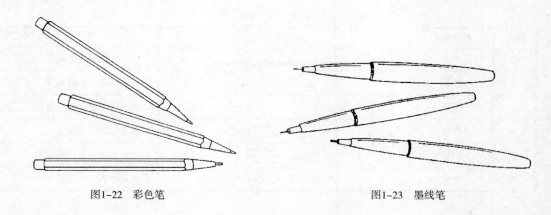

图1-22 彩色笔　　　　　　　　　　　　　图1-23 墨线笔

二、制图图线、符号与代号

在裙装制图中，不同的线有不同的表现形式，被称为裙装制图的图线。此外，还需用不同的符号、代号在图中表达不同的含意。裙装制图的图线、符号与代号在制图中起到了规范图纸的作用。

（一）制图图线

服装制图的图线形式、规定及用途，如表1-2所示。

表1-2　制图图线

序号	图线名称	图线形式	图线宽度（mm）	图线用途
1	粗实线	▬▬▬▬	0.9	（1）服装和零部件轮廓线 （2）部位轮廓线
2	细实线	———	0.3	（1）图样结构的基本线 （2）尺寸线和尺寸界线 （3）引出线
3	虚线	— — — —	0.3～0.9	叠面下层轮廓影示线
4	点划线	—·—·—·	0.3～0.9	对折线（对称部位）
5	双点划线	—··—··—	0.3～0.9	折转线（不对称部位）

在同一服装制图中，同类图线的宽度应一致。虚线、点划线、双点划线的线段长短和间隔应各自相同，首尾两端应是线段而不是点。

（二）制图符号

在服装制图中为了准确表达线、部位、裁片的用途和作用，需借助各种符号，因此就需要对制图中的各种符号作统一规定，使之规范化。裙装制图经常采用的符号，如表1-3所示。

表1-3　制图符号

序号	符号名称	符号形式	符号含义
1	等分	⌒⌒⌒⌒	表示该段距离平均等分
2	等长	✕—✕　　↝	表示两线段长度相等
3	等量	△　　○　　□……	表示两个以上部位等量
4	省缝	◁　　◇	表示该部位需缝去
5	裥位	▨　　◀	表示该部位有规则褶裥
6	细褶	∿∿∿∿	表示将面料收拢成细褶

续表

序号	符号名称	符号形式	符号含义
7	直角		表示两线互相垂直
8	拼合		表示两部位在裁片中相拼合
9	阴裥		表示褶量在内的褶裥
10	扑裥		表示褶量在外的褶裥
11	经向		对应面料经向
12	倒顺		顺毛或图案的正立方向
13	斜向	✕	对应面料斜向
14	平行		表示两直线或两弧线间距相等
15	间距		表示两点间距离，其中"x"表示该距离的具体数值或公式

（三）制图代号

在服装制图中的某些部位、线、点等，为使用便利以及规范起见，使用其英语单词的首字母为代号来代替相应的中文的线、部位及点的名称。常用的裙装制图代号，如表1-4所示。

表1-4 裙装制图主要部位代号

序号	部位	相对应的英语单词及词组	代号	序号	部位	相对应的英语单词及词组	代号
1	腰围	Waist Girth	W	5	膝围线	Knee Line	KL
2	臀围	Hip Girth	H	6	裙长	Length	L
3	腰围线	Waist Line	WL	7	前中心线	Front Center Line	FCL
4	臀围线	Hip Line	HL	8	后中心线	Back Center Line	BCL

本章小结

■ 就穿着对象的角度而言，服装结构设计可分为男装、女装和童装。女装结构设计在服装结构设计中占有极其重要的地位。女装结构设计又可细分为上装结构设计和下装结构设计，而下装结构设计中的裙装结构设计是女性服装中不可或缺的一部分。

■ 裙装结构设计的构成要素为人体体型（腰部以下）相关的点、线、面的构成。

■ 裙装结构设计的构成要素为裙装的规格构成，掌握人体测量的方法，获取人体的净体规格。以净体规格为基础，考虑人体活动量和裙装的造型因素，构成裙装的成品规格。

■ 裙装结构设计的构成要素为裙装的款式构成，包括裙长、腰围形态、腰围高度、分割线形态、裙的造型等。

思考题

1. 简述人体腰部以下结构的点、线、面。
2. 简述裙装结构设计的依据。
3. 人体测量的工具及测量的部位有哪些？
4. 试述人体活动与放松量的关系。
5. 服装放松量的作用是什么？
6. 如何使用服装成品规格？
7. 裙装制图的工具有哪些？
8. 各种尺各有何特点？
9. 软尺的用途有哪些？

基础理论——

裙装结构设计方法

课题内容：裙装结构的基础图形
　　　　　裙装外形轮廓构成

课题时间：2课时

教学目的：通过本章的学习，理解裙装外形轮廓构成的基本原理，掌握裙装基础图形的构成方法。

教学方式：应用PPT课件、板书与教师讲授同步进行。

教学要求：1．了解与裙装结构相关的各部位结构线的名称。

　　　　　2．掌握裙装基础图形构成的方法。

　　　　　3．理解裙装外形轮廓构成的基本原理。

第二章　裙装结构设计方法

裙装的结构设计应从基础图形的构成开始，以此为据渐次展开其变化图形。在整个裙装结构设计的变化过程中，应抓住要点，即裙侧缝线的倾斜度变化。由此产生的各个细节部位的变化是裙装结构设计中应具体把握的关键之处。

第一节　裙装结构的基础图形

裙装结构的基础图形是裙装结构设计的重要组成部分。裙装基础图形从裙装结构的共性点入手，抓住其基本特征，为体现裙装款式变化中的个性点打下良好的基础。因此，基础图形的共性点选择和基本特征的把握，直接关系裙装结构设计全过程展开的合理性、可操作性和准确性。

一、裙装各部位结构线的名称

（一）裙装基本线

裙装的基本线有上、下平线，臀高线，前、后中心线与前、后侧缝直线等（图2-1）。

（二）裙装结构线

裙装的结构线有腰口线、侧缝线、底边线等（图2-2）。

（三）裙装各部位结构

裙装各部位结构的名称如图2-3所示。

二、裙装结构基础图形的构成

（一）设定规格

裙装结构基础图形的设定规格如表2-1所示。

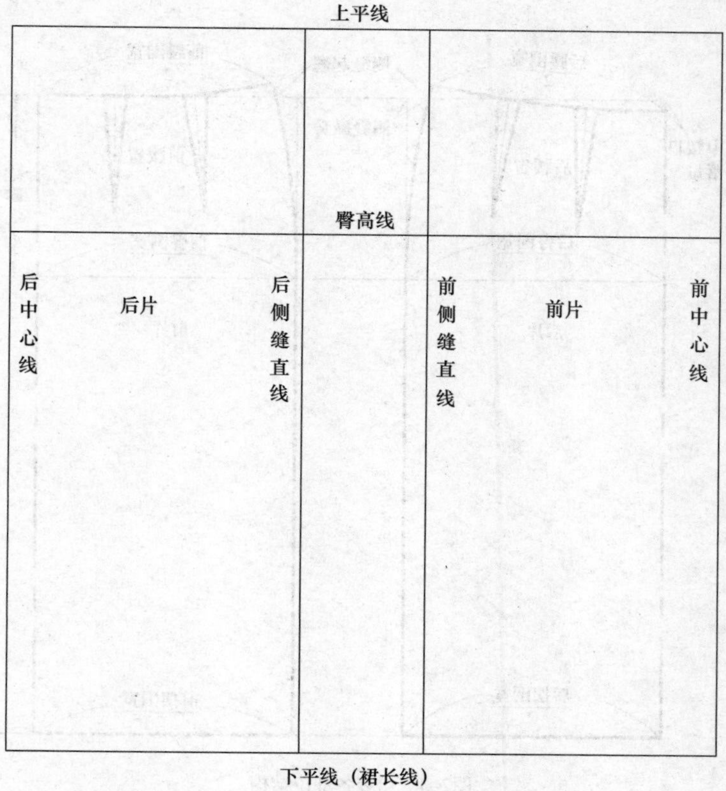

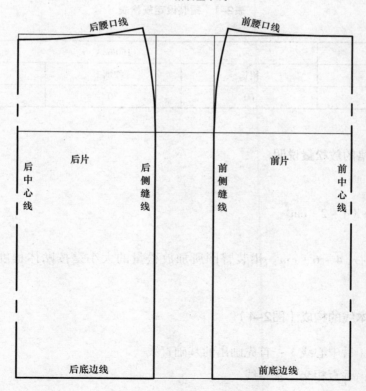

上平线

臀高线

后中心线　　后片　　后侧缝直线　　前侧缝直线　　前片　　前中心线

下平线（裙长线）

图2-1　裙装基本线

后腰口线　　前腰口线

后中心线　　后片　　后侧缝线　　前侧缝线　　前片　　前中心线

后底边线　　前底边线

图2-2　裙装结构线

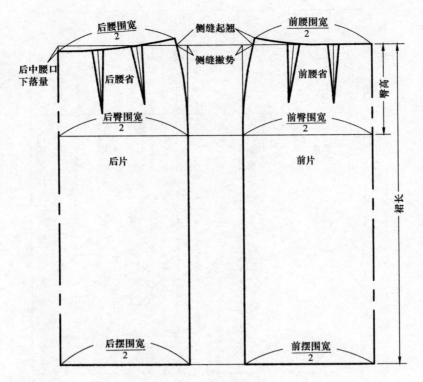

图2-3　裙装各部位结构

表2-1　裙装设定规格表

单位：cm

号型	160/68A		
部位	裙长	腰围	臀围
规格	60	70	94

（二）成品规格的放松量说明

1. 腰围

净体规格+（1~2）cm。

2. 臀围

净体规格+（4~6）cm。裙装臀围所加放松量的大小是按贴体程度较高的状态设置的。

（三）裙装基本线的构成（图2-4）

①基本线（后中心线）：首先画出的基础直线。

②上平线：垂直相交于基本线。

③下平线（裙长线）：自上平线向下量取裙长，平行于上平线。

④臀高线（臀围线）：自上平线向下量取0.1号+1cm，平行于上平线。

⑤后侧缝直线：在臀高线上自后中心线与臀高线的交点向内量取$\frac{H}{4}$，平行于后中心线。

⑥前中心线：垂直相交于上平线。

⑦前侧缝直线：在臀高线上自前中心线与臀高线的交点向内量取$\frac{H}{4}$，平行于前中心线。

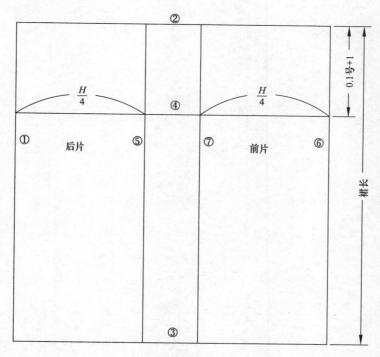

图2-4　裙装基本线的构成

（四）裙装结构线的构成

①腰围宽定位：以前、后中心线与上平线的交点为起点，沿上平线分别向内量取$\frac{W}{4}$定点。

②侧缝线定位：在上平线上取臀围与腰围的差数作三等分，其中一等分作为腰口撇势（其余二等分作为腰省量）。由前片腰口撇势A点定点，侧缝基本线上臀高位中点取B点定位，连接AB，作为前侧缝的辅助线；由后片腰口撇势A′点定点，侧缝基本线上臀高位中点取B′点定位，连接A′B′，作为后侧缝的辅助线（图2-5）。

③腰口线定位：前腰口线定位于上平线上，取前中心线E点至侧缝线A点的$\frac{1}{4}$长定点D，过D点作AB延长线的垂线相交于C点，AC为侧缝起翘量（图2-6）。后腰口线定位取A′C′=AC，过C′点作A′B′延长线的垂线。在上平线与后中心线的交点向下取1cm定点E′，作上平线的平行线与A′B′的垂线相交于D′点（图2-6）。

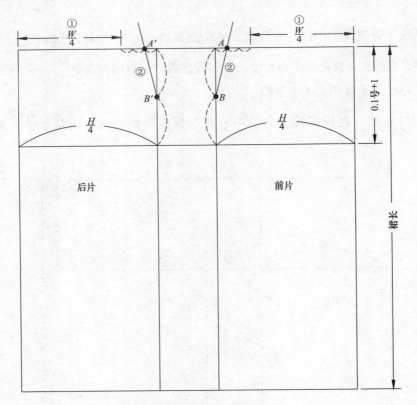

图2-5　裙装侧缝线定位

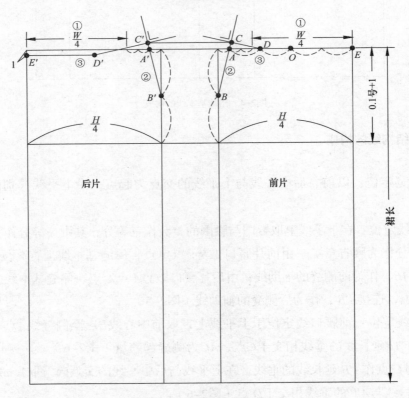

图2-6　裙装腰口线定位

④腰口弧线：连接COE画顺前腰口弧线，连接C'E'画顺后腰口弧线（图2-7）。

⑤侧缝弧线：连接CFG画顺前侧缝弧线，连接C'F'G'画顺后侧缝弧线（图2-7）。

⑥中心线：连接EH画前中心线，连接E'H'画后中心线（图2-7）。

⑦底边线：连接GH画前底边线，连接G'H'画后底边线（图2-7）。

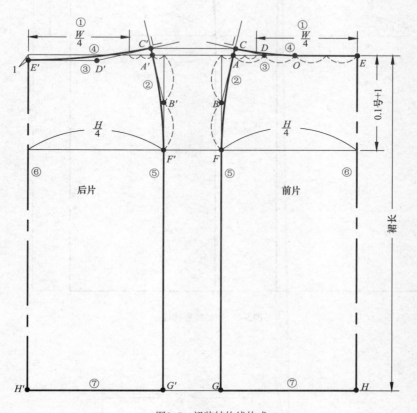

图2-7 裙装结构线构成

⑧腰省定位：确定省位时，将腰口线三等分定点，省中线垂直于腰口线（图2-8）。

⑨腰省量及腰省长：确定省量时，将臀围与腰围差数的$\frac{2}{3}$作为省量（两省各取$\frac{1}{3}$）；确定省长时，省长8～13cm，视省量大小而定（图2-8）。

（五）裙装细节结构图构成

1. 裙装侧缝线、腰口线构成及腰省定位

裙装侧缝线、腰口线的构成及腰省的定位如图2-9所示。

2. 裙装腰口线修正

裙装腰口线的具体修正方法如图2-10所示。

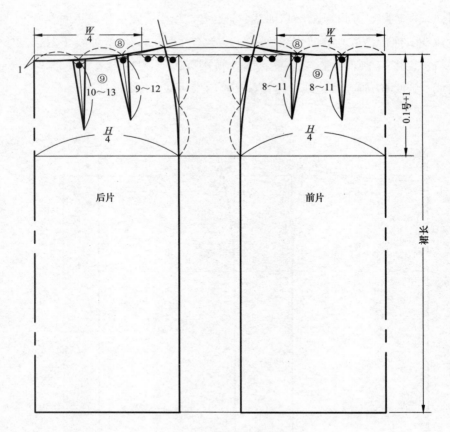

图2-8 裙装腰省构成

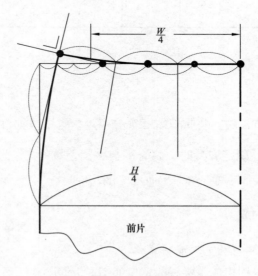

图2-9 裙装侧缝线、腰口线构成及腰省定位

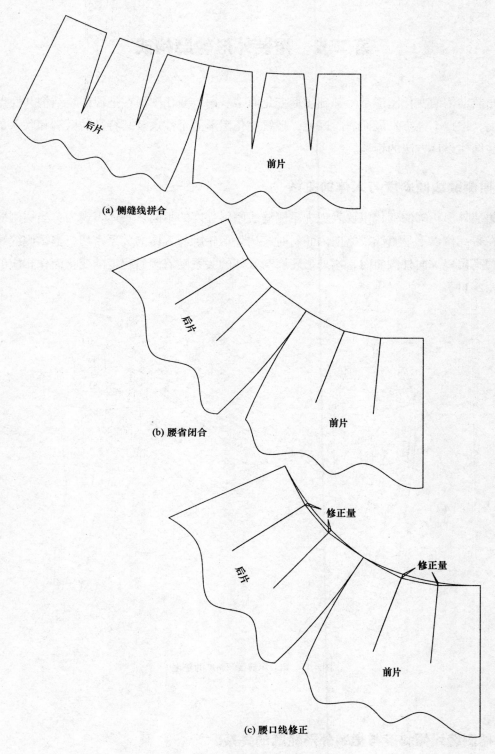

(a) 侧缝线拼合

(b) 腰省闭合

(c) 腰口线修正

图2-10 裙装腰口线修正

第二节　裙装外形轮廓构成

　　裙装结构的变化图形是由基础图形变化而来。裙装变化图形在把握裙装结构共性点的基础上，根据个性点发展而成。因此，理解变化图形的个性点及其特征的区别和联系是掌握裙装结构设计方法的钥匙。

一、裙侧缝线倾斜度与人体的关系

　　裙装外形轮廓的变化主要表现为裙侧缝线倾斜程度的不同。具体表现为：当裙侧缝线斜度在臀高位以下呈直线或略向内倾斜时，裙外形轮廓与人体的关系密切；当裙侧缝线斜度在臀高位以下向外倾斜时，裙外形轮廓与人体的关系随着倾斜程度的变化而作相应的变化（图2-11）。

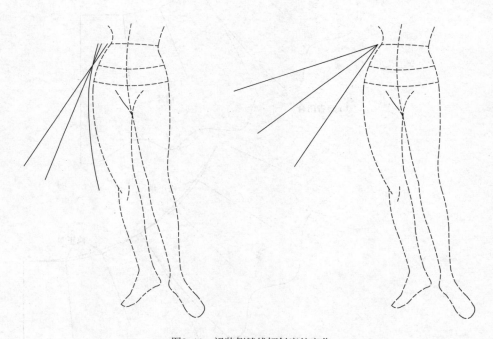

图2-11　裙装侧缝线倾斜度的变化

二、裙侧缝线倾斜度与裙装外形轮廓的关系

　　裙侧缝线倾斜度变化与裙装外形轮廓具有相关性。根据其变化轨迹可以将裙装的外形轮廓分为两大类：合体型轮廓与非合体型轮廓。

（一）合体型轮廓的特征与特点

1. 特征

裙腰省是合体型轮廓最明显的特征。裙侧缝线在臀高位与人体贴近时，侧缝线在腰围处就会产生多余量，为了满足人体腰围合体的需要，在结构上要将多余量分散在腰口线上处理为裙腰省。从图2-12中可以观察到裙腰省量的大小与裙侧缝线的倾斜度有关。首先，随着侧缝线倾斜度的加大，裙腰省量逐渐变小，直至消失；其次，合体型轮廓腰省量大小的变化是以中臀围高位为基点作旋转变化的。

2. 特点

裙臀围控制量的变化是合体型轮廓最明显的特点。裙侧缝线在腰围高位与人体贴近时，侧缝线在臀围处就会产生多余量，在结构上表现为臀围放松量加大、贴体程度减弱。从图2-12中可以观察到裙臀围控制量的大小与裙侧缝线的倾斜度有关。首先，随着侧缝线倾斜度的加大，裙臀围控制量逐渐变大；其次，合体型轮廓臀围控制量大小的变化是以中臀围高位为基点作旋转变化的。

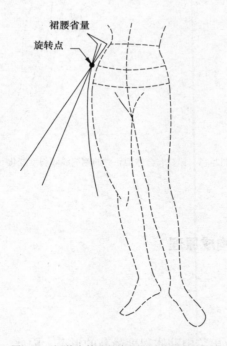

图2-12 裙装合体型轮廓的侧缝线倾斜度变化

（二）非合体型轮廓的特征与特点

1. 特征

无裙腰省是非合体型轮廓最明显的特征。随着侧缝线倾斜度的加大，裙臀围松量逐渐变大，裙非合体程度渐渐加强。

2. 特点

裙臀围控制量的变化是非合体型轮廓最明显的特点。从图2-13中可以观察到裙臀围控制量的大小与裙侧缝线的倾斜度有关。首先，随着侧缝线倾斜度的加大，裙臀围控制量逐渐变大；其次，非合体型轮廓臀围控制量大小的变化是以腰围高位为基点作旋转变化的。

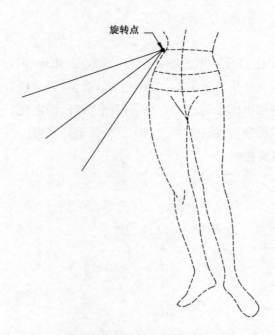

旋转点

图2-13　裙装非合体型轮廓的侧缝线倾斜度变化

三、裙装外形轮廓结构构成原理

（一）合体型轮廓

1. 基础图形

基础图形是合体型轮廓裙装中贴体程度最高的形态。因此，基础图形是合体型轮廓的裙装。基础图形的构成详见本章第一节。其典型款式为直裙，如一步裙、旗袍裙等。

2. 部分省量闭合的结构处理

合体型轮廓在基础图形的基础上，作部分省量闭合的结构处理。从图2-14中可以观察到图形以省尖点为旋转点，当省量部分闭合时，臀围变大，摆围变大，侧缝线的倾斜度增大，裙的合体度减弱。其典型款式为A字裙。

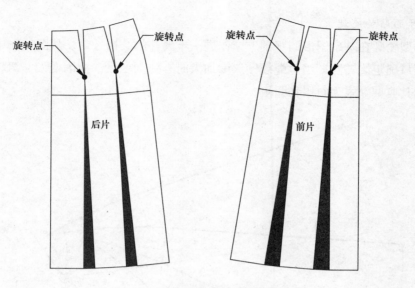

图2-14　裙装合体型轮廓部分省量闭合的结构处理

（二）非合体型轮廓

1. 省量闭合的结构处理

非合体型轮廓在基础图形的基础上，作省量闭合的结构处理。从图2-15中可以观察到图形以省尖点为旋转点，当省量全部闭合时，臀围变大，摆围变大，侧缝线的倾斜度增大。裙的轮廓变化为非合体造型。其典型款式为斜裙。

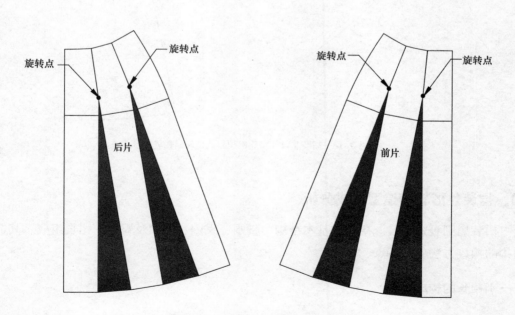

图2-15　裙装非合体型轮廓省闭合的结构处理

2. 展开的结构处理

非合体型轮廓在基础图形的基础上，作进一步展开的结构处理。从图2-16中可以观察到图形以腰口确定旋转点，当侧缝线倾斜度加大时，臀围变大，摆围变大，裙轮廓的非合体度加强。其典型款式为斜裙和圆裙。

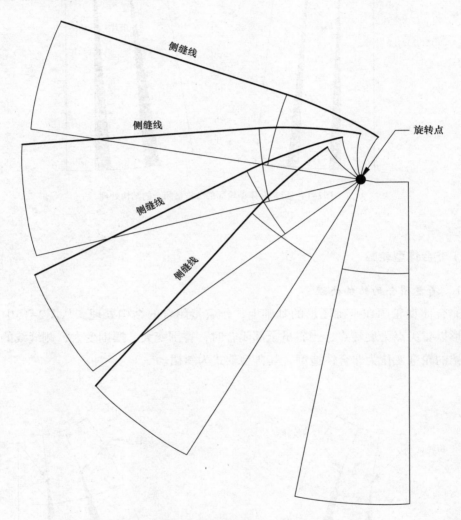

图2-16　裙装非合体型轮廓腰口点旋转结构处理

四、裙装外形轮廓造型构成分析

裙装属围裹式服装。裙装的基本结构由腰围、臀围、摆围及臀高、裙长组成。其造型结构的构成方法各有特点。

（一）裙长的构成

裙长的规格变化幅度较大（图2-17），从超短裙到在脚面之上任何长度的裙装都可作为生活中穿着的裙装。裙长规格的确定主要受裙装造型变化的影响。

（二）臀高的确定

臀高的规格变化幅度较小（图2-18）。臀高高度的确定不受裙装造型变化的影响，主要与人体身高关系密切（0.1号+1cm）。臀高的高度为了满足人体的体型要求，在人体的前、后、侧有微量的差别。其中，前中臀高的高度为0.1号+1cm，后中臀高的高度为前中臀高-1cm，侧臀高为前中臀高+侧缝起翘量。以侧臀高的高度为最高。

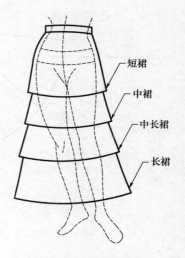

图2-17　裙装长度变化

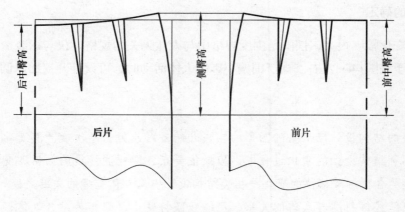

图2-18　裙装臀高变化

（三）腰围的确定

腰围的规格变化幅度较小（半截裙），腰围是围度规格中数值最小的。腰围规格的确定不受裙装造型变化的影响。腰围的放松量为1～2cm。腰围加入放松量一是人体活动的需要，人体处于站姿与坐姿时，腰围会有所变化；二是人体生理的需要，吃饭前后人体腰围会有所变化。

（四）臀围的确定

臀围的规格变化幅度较大（图2-19），臀围就人体净体规格而言是围度规格中数值最大的。臀围的成品规格受裙装造型变化的影响很大，合体型轮廓臀围的放松量为4～8cm，非合体型轮廓臀围的放松量为8cm以上。

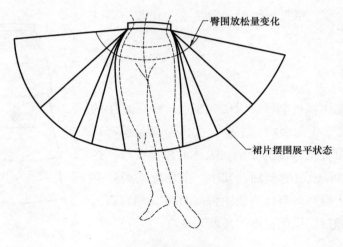

图2-19　裙装臀围变化

（五）摆围的确定

摆围的变化幅度很大，摆围是围度规格中与人体无关的规格，仅与裙装造型有关，摆围最小可小于臀围14cm左右。当摆围偏小影响人体活动时，可设计开衩加以调节。

本章小结

■ 裙装的结构设计应从基础图形的构成开始，以此为据渐次展开其变化图形。在整个裙装结构设计的变化过程中，应抓住要点，即裙侧缝线的倾斜度变化。由此所产生的各个细节部位的变化是裙装结构设计中应具体把握的关键之处。

■ 裙侧缝线倾斜度与人体的关系，侧缝线倾斜度小，则裙装贴合人体；侧缝线倾斜度大，则裙装不贴合人体。

■ 裙侧缝线倾斜度与裙装外形轮廓的关系，侧缝线倾斜度小，则裙装为合体型；侧缝线倾斜度大，则裙装为非合体型。

■ 基础图形是合体型轮廓裙装中贴体程度最高的形态。因此，基础图形是合体型轮廓的裙装。其典型款式为直裙，如一步裙、旗袍裙等。

■ 合体型轮廓在基础图形的基础上，作部分省量闭合的结构处理。图形以省尖点为旋转点，当省量部分闭合时，臀围变大，摆围变大，侧缝线倾斜度增大，裙的合体程度减弱。其典型款式为A字裙。

■ 非合体型轮廓在基础图形的基础上，作省量闭合的结构处理。图形以省尖点为旋转点，当省量全部闭合时，臀围变大，摆围变大，侧缝线倾斜度增大，裙的轮廓变化为非合体造型。其典型款式为斜裙。

■ 非合体型轮廓在基础图形的基础上，作进一步展开的结构处理。图形以腰口确定旋转点，当侧缝线倾斜度加大时，臀围变大，摆围变大，裙的非合体度加强。其典型款式为斜裙和圆裙。

思考题

1. 裙装的腰围为何在净规格的基础上加放2cm?
2. 裙装臀围加放4cm放松量的贴体程度如何?
3. 裙装基础图形的侧缝起翘量是如何确定的?
4. 裙腰线为何要修正? 如何修正?
5. 裙装侧缝线的倾斜度与裙装外轮廓有无相关性? 相关程度如何?
6. 裙装变化图形是如何从基础图形变化而来的?

直裙结构设计

课题内容： 直裙基型

直裙基本款

直裙变化款

课题时间： 16课时

教学目的： 通过本章的学习，理解直裙外形轮廓构成的基本原理，掌握直裙基型的构成方法，并能应用直裙基型进行基本款与变化款的制作。

教学方式： 应用PPT课件、板书与教师讲授同步进行。

教学要求： 1．理解直裙基型构成的基本原理。

2．掌握直裙基本款的制作方法。

3．了解直裙变化款的制作方法。

第三章　直裙结构设计

直裙属于合体程度高的一类裙型。直裙的基本特点表现为裙身平直、腰部收省、侧缝线偏直或略向里倾斜。直裙的结构特点表现为臀围的放松量小。直裙的款式变化可在此基础上，作腰部的变化、裙身内部结构线的变化以及裙摆在臀高线以下展开的变化等。

第一节　直裙基型

直裙基型也是裙装的基础图形，在基础图形上可根据人体体型的臀腰差的变化进行相关的变化，主要表现在腰省的数量设置上。一般情况下，臀腰差较大的体型，腰省的数量相对较多；臀腰差较小的体型，腰省的数量相对较少。基础图形的腰省数量为整个腰围设置8个省，适合臀腰差较大的体型。其结构设计具体的制作过程可参看第二章的相关章节。以下具体解析整个腰围设置4个省、适合臀腰差较小体型的基型的结构设计过程。

一、设定规格

直裙基型的设定规格如表3-1所示。

表3-1　直裙基型的设定规格表

单位：cm

号型	160/72B		
部位	裙长	腰围	臀围
规格	60	74	94

二、成品规格放松量说明

1. **腰围**

净体规格+2cm。

2. **臀围**

净体规格+（4～6）cm。裙臀围加放松量的大小是按贴体程度高的状态设置的。

三、直裙基本线与结构线构成

直裙基本线与结构线的构成方法参见图2-4~图2-7所示。

四、直裙基型腰省结构线构成

⑧腰省定位：确定省位时，将腰口线二等分定点，省中线垂直于腰口线（图3-1）。

⑨腰省量及腰省长：确定省量时，将臀围与腰围差数的$\frac{1}{2}$作为省量；确定省长时，省长10~13cm，视省量大小而定（图3-1）。

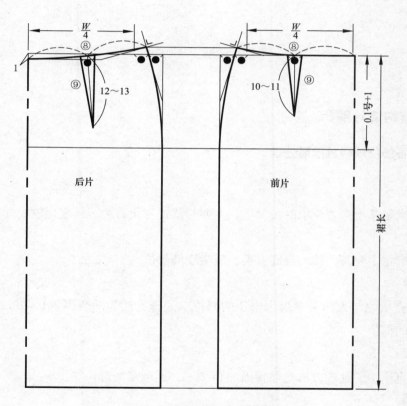

图3-1 直裙基型腰省结构线构成

五、直裙腰口线的修正

直裙基型腰口线的具体修正方法如图3-2所示。

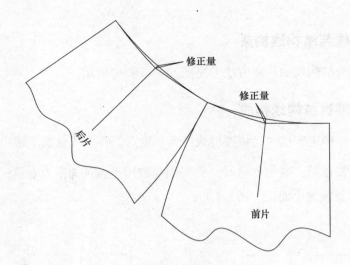

图3-2 直裙腰口线的修正

六、直裙结构设计解析

（一）直裙各部位规格放松量处理

1. 裙长

裙长在满足基本穿着要求的条件下，主要与款式变化有关，属变化较大的部位。

2. 臀高

臀高的确定主要与人体的身高有关，属微变的部位。

3. 腰围

腰围是直裙中与人体关系最为密切的部位。处理方法为净腰围加1～2cm的放松量，属相对不变的部位。

4. 臀围

臀围在直裙中的处理方法是净臀围加4～6cm，属微变的部位。

5. 摆围

摆围在直裙中的处理方法是等于或小于臀围，其控制量与裙长有关（外展型直裙应视为在直裙基型上的扩展）。

（二）直裙侧缝线的造型类别及其结构设计方法的解析

直裙型裙装的侧缝线造型在臀高线以下有内偏型、偏直型、外展型（陀螺式）、弧线型（喇叭式与鱼尾式）之分。

1. 内偏型结构

（1）侧缝线内偏量的范围：侧缝线内偏量是指臀高线以下的侧缝线斜率。侧缝线内偏量的确定是依据人体穿着要求及裙装造型。侧缝线内偏量的范围为等于或小于臀围，其具体控制量为臀围与摆围差的0~14cm。

（2）侧缝线内偏量的处理方法：侧缝线内偏量的大小受裙长变化因素的影响，具体表现为裙长偏短时内偏量较小、裙长偏长时内偏量较大。因为侧缝线的内偏量与人体的穿着要求密切相关，所以可采用控制侧缝线斜率的处理方法，使侧缝线内偏量的数值控制在满足人体穿着要求的范围内，具体处理方法如图3-3所示。

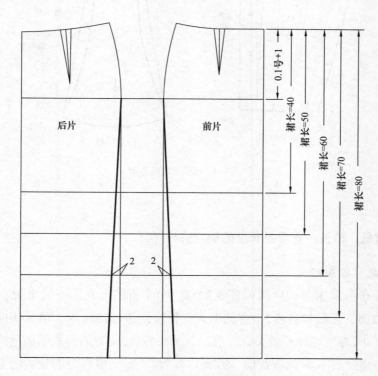

图3-3 侧缝线内偏量的变化

2. 外展型结构

侧缝线的造型可通过在腰口设计一定量的褶裥、使底边长度保持不变来形成平面结构图上的侧缝线外展造型。通过腰口褶裥的收缩，形成裙装造型的上下收缩、中间（臀高位）扩张的陀螺式［图3-4（a）］。

3. 弧线型结构

侧缝线的造型可通过展宽臀高位至膝高位以下的侧缝线来形成喇叭式或鱼尾式。当展宽始点高度处于臀高线处时，裙的下摆展开似喇叭花；当展宽始点高度处于臀高线以下某个位置时，裙的下摆展开似鱼尾。因此可以看出，裙摆展宽点高度不同会引起裙造型的变化。裙摆展宽高度范围应在臀高线以下、膝高线以上［图3-4（b）］。

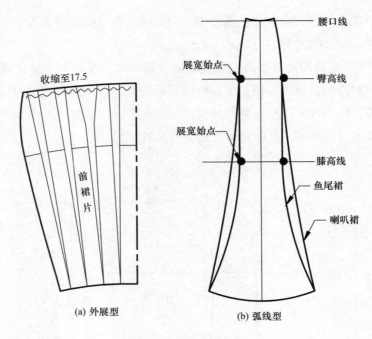

图3-4 裙侧缝线的造型

（三）腰省数量、位置、省量及长度的确定方法

1. 腰省数量的分布

腰省的分布可采用前、后腰口各收2个省和4个省的形式。一般来说，臀腰差不超过25cm时，可取前、后腰口各收2个省的形式；臀腰差超过25cm时，可采用前、后腰口各收4个省的形式。因为当臀腰差增大时，前、后腰口各收2个省的形式不能适应体型的需要，因此当臀腰差超过25cm时就应在前、后腰口各收4个省。但有时因款式的需要前、后腰省数量的分布也可不等量，如前片腰口2个省、后片腰口4个省等。

2. 腰省的位置

一般在制图中为方便起见，均以前、后腰围宽等分处理，即前、后腰口各收2个省时，每 $\frac{1}{4}$ 腰口两等分；前、后腰口各收4个省时，每 $\frac{1}{4}$ 腰口三等分。但从满足体型的角度看，省位的分布应以稍偏向侧缝一边为宜。有时为了满足款式的要求，省位的分布也可作适当调整。

3. 腰省的省量

一般在制图时，腰省与撇势的量均将臀腰围的差数作等分处理。当单个省的省量超过3cm时，应采用前、后腰口各收4个省的方法。如果因款式与体型的需要前、后腰口各收2个省或虽已收了4个省、省量还要超过3cm时（一般单个省量控制在3cm以内），可以考虑将撇势加大。

4. 腰省的长度

前腰口省短于后腰口省，原因是腹峰水平位偏上、臀峰水平位偏下。当前、后腰口各收4个省时，前腰口省的长度可等长，而后腰口省的长度则是靠近后中心线一侧的省长于靠近侧缝线一侧的省。省的长度与省量有关，省量大则省长，省量小则省短。同时，还应结合面料质地性能和造型要求进行调节。

第二节　直裙基本款

直裙基本款有一步裙、旗袍裙、西装裙等。以下以一步裙为例，介绍直裙基本款的结构设计、板型制作及排料方法。

一、款式细节

一步裙的设定规格如表3-2所示，款式图如图3-5所示。款式特点表现为：中腰型直腰，前、后片左右各设一腰省，后中心线设中缝，上端装拉链，下端设开衩，侧缝线略向内倾斜。

表3-2　一步裙的设定规格表

单位：cm

号型	160/68A			
部位	裙长	腰围	臀围	腰宽
规格	60	70	94	3.5

图3-5　一步裙

二、结构分解

一步裙的结构分解如图3-6所示。

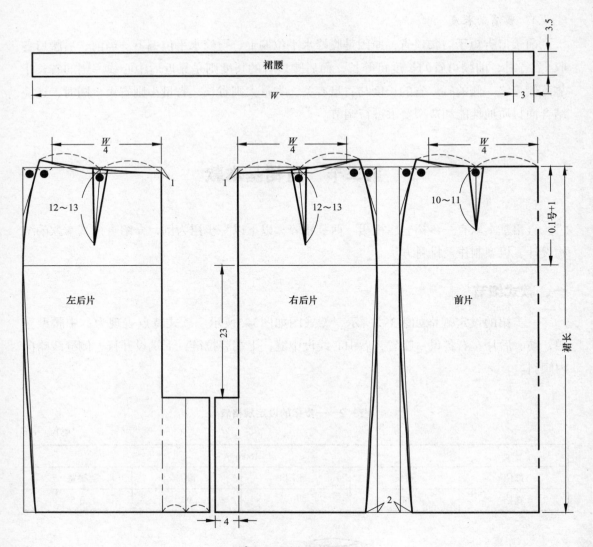

图3-6 一步裙结构分解

三、板型制作

一步裙的板型制作方法如图3-7所示。

四、排料方法（图3-8）

一步裙的排料方法如图3-8所示。

(a)

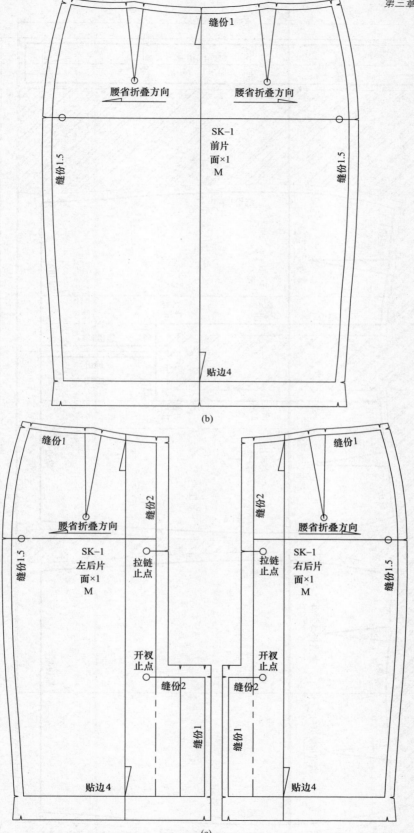

图3-7 一步裙板型制作

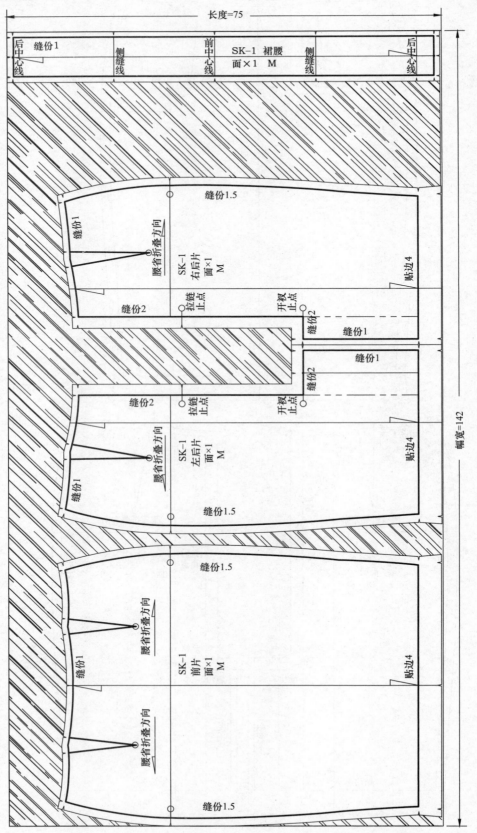

图3-8 一步裙排料图

第三节　直裙变化款

以直裙为基础的直裙型裙装的特点：裙腰口设置腰省，臀高线以上按基型裙装的结构，臀高线以下的侧缝线可作内偏型、偏直型、外展型、弧线型的结构变化，其内部结构线可作收省式、分割式、展开式等的变化。

一、侧缝线内偏型及偏直型裙装变化款

以直裙为基础的侧缝线变化裙装的特点是自臀高线以下侧缝线作内偏或偏直的结构变化，形成直裙的造型。

应用实例一　低腰纵向分割式直裙

1. 款式细节

低腰纵向分割式直裙的设定规格如表3-3所示，款式图如图3-9所示。款式特点表现为：低腰型，低腰量3cm；前、后片左右各设一纵向分割线，前片下摆处分割线设置圆弧形裙衩，钉三粒扣，侧缝线略向内倾斜，右侧缝上端装拉链。各部位止口缉线如图3-9所示。

表3-3　低腰纵向分割式直裙的设定规格表

单位：cm

号型	160/68A			
部位	裙长	腰围	臀围	低腰量
规格	64	70	94	3

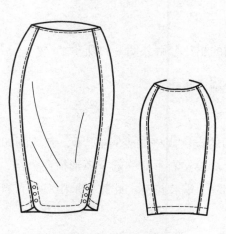

图3-9　低腰纵向分割式直裙

2. 结构分解

低腰纵向分割式直裙的结构分解如图3-10所示。

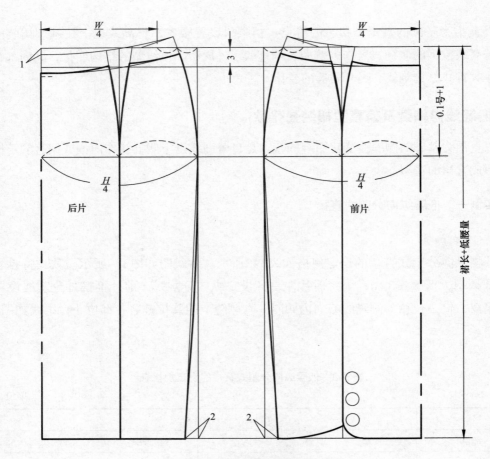

图3-10　低腰纵向分割式直裙结构分解

3. 裙片分解

低腰纵向分割式直裙的裙片分解如图3-11所示。

应用实例二　无腰组合分割式直裙

1. 款式细节

无腰组合分割式直裙的设定规格如表3-4所示，款式图如图3-12所示。款式特点表现为：无腰型，前、后片上部设左右不对称的下弧形横向分割，前片横向分割线下设弧形分割线，侧缝线偏直，右侧缝上端装拉链。此款可采用三种布料镶拼。

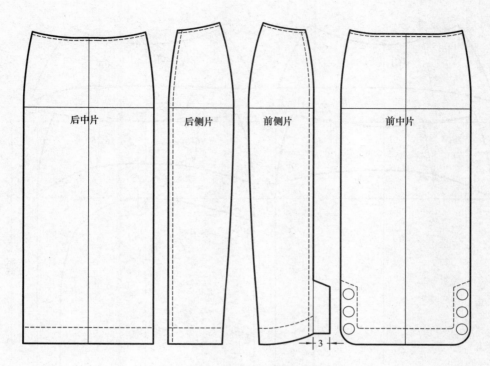

图3-11 低腰纵向分割式直裙裙片分解

表3-4 无腰组合分割式直裙的设定规格表

单位：cm

号型	160/68A			
部位	裙长	腰围	臀围	腰宽
规格	64	70	94	0

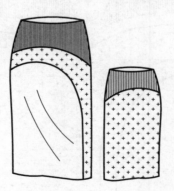

图3-12 无腰组合分割式直裙

2. **结构分解**

无腰组合分割式直裙的结构分解如图3-13所示。

3. **裙片分解**

无腰组合分割式直裙的裙片分解如图3-14所示。

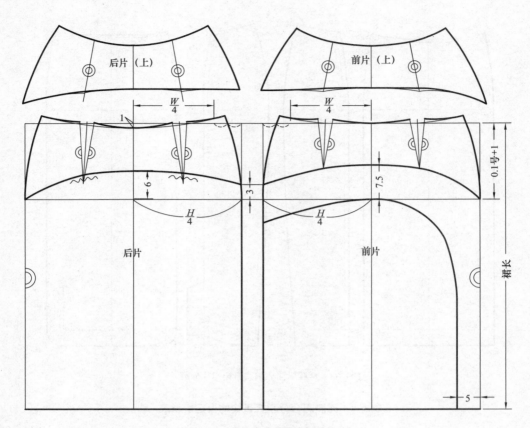

图3-13　无腰组合分割式直裙结构分解

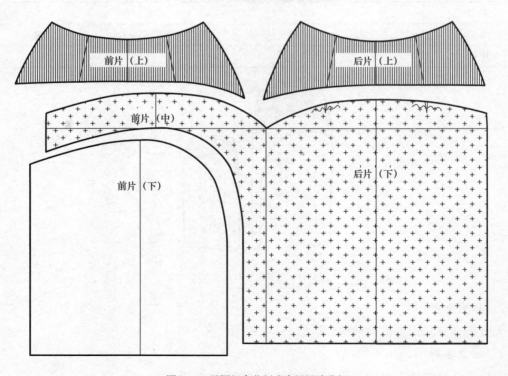

图3-14　无腰组合分割式直裙裙片分解

二、侧缝线外展型（陀螺式）裙装变化款

以直裙为基础的侧缝线外展型（陀螺式）裙装的特点是自腰口线至底摆展开一定的省形褶裥量，腰口收裥，臀围展宽，摆围大小不变，形成陀螺式的造型。

应用实例一　高腰褶裥陀螺式直裙

1. 款式细节

高腰褶裥陀螺式直裙的设定规格如表3-5所示，款式图如图3-15所示。款式特点表现为：高腰型，前中腰高9cm，裙侧及后腰高6cm，裙腰如图3-15所示缉止口；前、后片左右各设4个褶裥，裙腰裥自腰向下缉线至臀高线向上4cm，裙片左、右侧下摆处设置开衩，侧缝线向内倾斜，底边缉线1.5cm，右侧缝上端装拉链。此裙臀高处夸张呈陀螺状。

表3-5　高腰褶裥陀螺式直裙的设定规格表

单位：cm

号型	160/68A			
部位	裙长	腰围	臀围	腰宽
规格	74	70	94	6

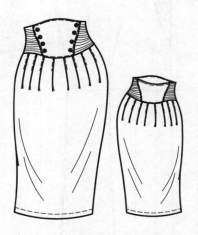

图3-15　高腰褶裥陀螺式直裙

2. 结构分解

高腰褶裥陀螺式直裙的结构分解如图3-16所示。

3. 裙片分解

高腰褶裥陀螺式直裙的裙片分解如图3-17所示。

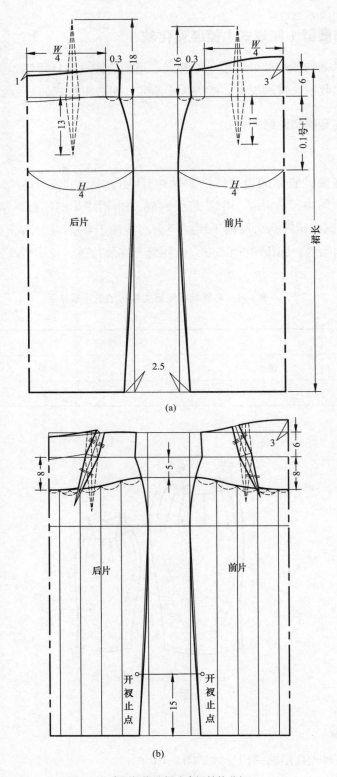

图3-16 高腰褶裥陀螺式直裙结构分解

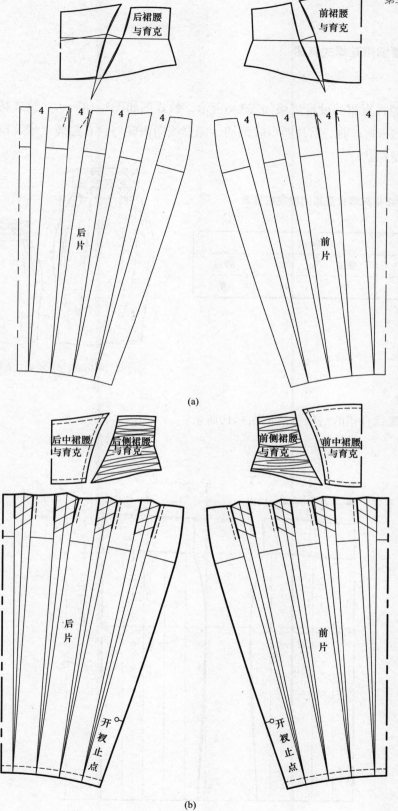

图3-17　高腰褶裥陀螺式直裙裙片分解

应用实例二　高腰细褶陀螺式直裙

1. 款式细节

高腰细褶陀螺式直裙的设定规格如表3-6所示，款式图如图3-18所示。款式特点表现为：高腰型，腰高8cm；前、后片腰口收细褶，侧缝线向内倾斜，右侧缝上端装拉链。此裙臀高处夸张呈陀螺状。

表3-6　高腰细褶陀螺式直裙的设定规格表

单位：cm

号型	160/68A			
部位	裙长	腰围	臀围	腰宽
规格	65	70	94	8

图3-18　高腰细褶陀螺式直裙

2. 结构分解

高腰细褶陀螺式直裙的结构分解如图3-19所示。

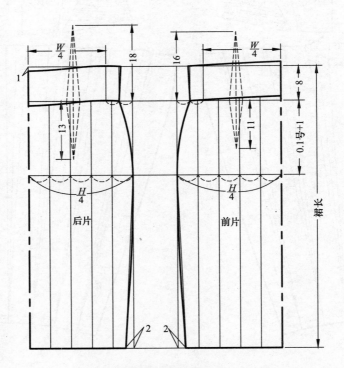

图3-19　高腰细褶陀螺式直裙结构分解

3. 裙片分解

高腰细褶陀螺式直裙的裙片分解如图3-20所示。

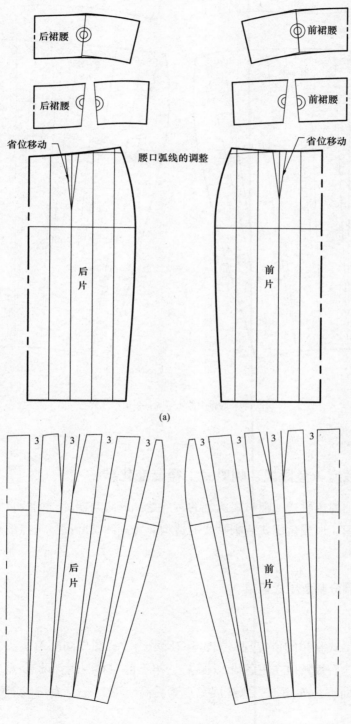

图3-20

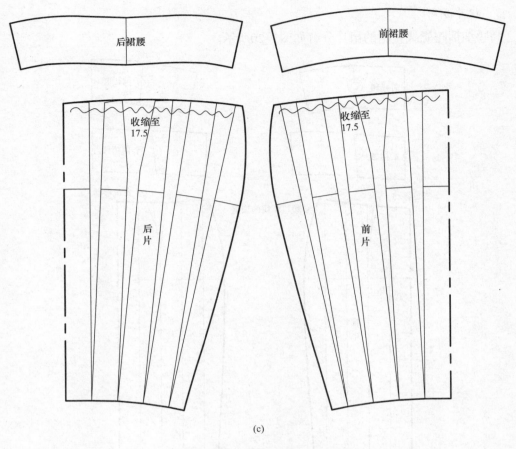

(c)

图3-20　高腰细褶陀螺式直裙裙片分解

三、侧缝线弧线型（鱼尾式、喇叭式）裙装变化款

以直裙为基础的鱼尾式、喇叭式裙装的特点是侧缝线与裙片分割线自臀高线以下至膝围线定点展开裙摆，形成鱼尾式或喇叭式的造型。臀高线至膝围线定点的高低与裙摆展开量呈正比。

应用实例一　无腰分割鱼尾式直裙

1. 款式细节

无腰分割鱼尾式直裙的设定规格如表3-7所示，款式图如图3-21所示。款式特点表现为：无腰型，前、后片腰口左右各设2个腰省，裙下部左右两侧各设2条斜向弧形分割线，侧缝线自膝围线向下往外倾斜，侧缝展宽点为臀高线下28cm，右侧缝上端装拉链。此裙呈鱼尾状。

表3-7 无腰分割鱼尾式直裙的设定规格表

单位：cm

号型	160/68A			
部位	裙长	腰围	臀围	腰宽
规格	75	70	94	0

图3-21 无腰分割鱼尾式直裙

2. 结构分解

无腰分割鱼尾式直裙的结构分解如图3-22所示。

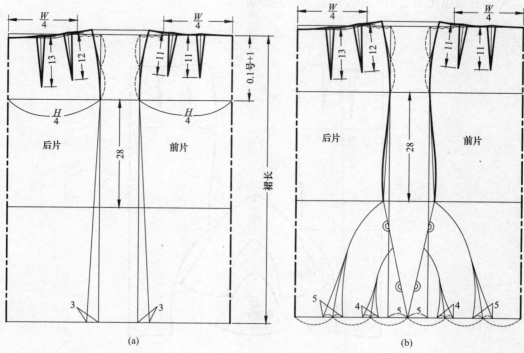

图3-22

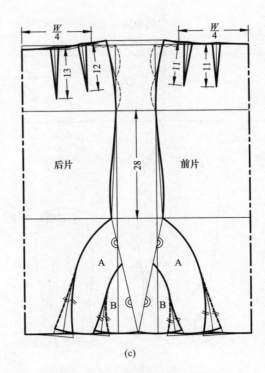

图3-22　无腰分割鱼尾式直裙结构分解

3. 裙片分解

无腰分割鱼尾式直裙的裙片分解如图3-23所示。

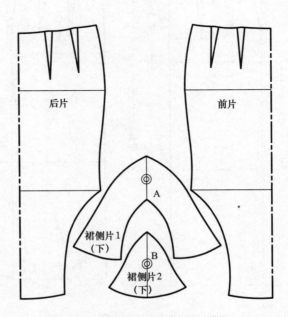

图3-23　无腰分割鱼尾式直裙裙片分解

应用实例二　无腰波浪鱼尾式直裙

1. 款式细节

无腰波浪鱼尾式直裙的设定规格如表3-8所示，款式图如图3-24所示。款式特点表现为：无腰型，前、后片腰口左右各设2个腰省，裙下部设1条横向弧形分割线，分割线下展宽呈波浪形，下部设横向镶拼如图3-24所示。侧缝线自膝围线向上往外倾斜，侧缝展宽点为臀高线下22cm，右侧缝上端装拉链。此裙呈鱼尾状。

表3-8　无腰波浪鱼尾式直裙的设定规格表

单位：cm

号型	160/68A			
部位	裙长	腰围	臀围	腰宽
规格	70	70	94	0

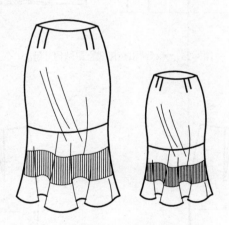

图3-24　无腰波浪鱼尾式直裙

2. 结构分解

无腰波浪鱼尾式直裙的结构分解如图3-25所示。

3. 裙片分解

无腰波浪鱼尾式直裙的裙片分解如图3-26所示。

应用实例三　无腰分割喇叭式直裙

1. 款式细节

无腰分割喇叭式直裙的设定规格如表3-9所示，款式图如图3-27所示。款式特点表现为：无腰型，前、后片左右两侧各设1条弧形分割线、1条直形分割线，侧缝线自臀高线向下往外倾斜，侧缝展宽点为臀高线下10cm，右侧缝上端装拉链。此裙呈喇叭状。

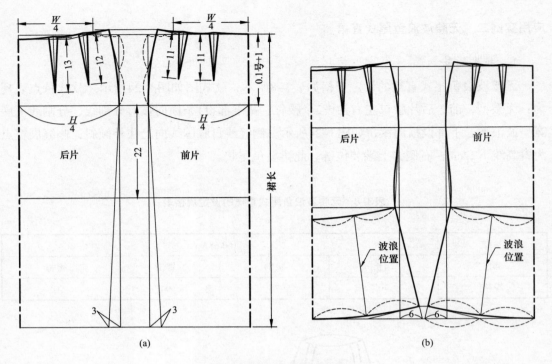

图3-25 无腰波浪鱼尾式直裙结构分解

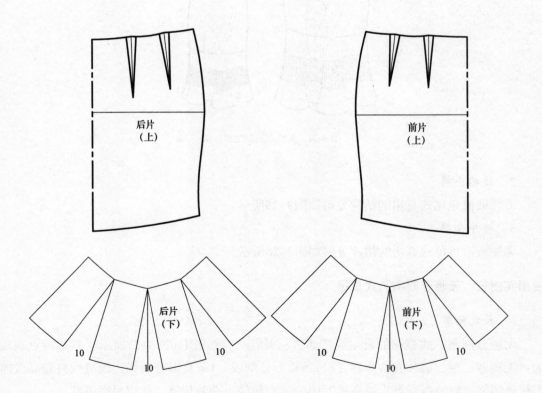

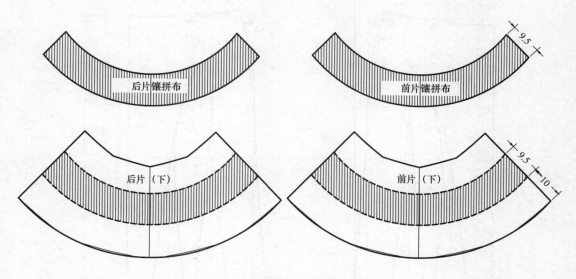

图3-26 无腰波浪鱼尾式直裙裙片分解

表3-9 无腰分割喇叭式直裙的设定规格表

单位：cm

号型	160/72B			
部位	裙长	腰围	臀围	腰宽
规格	70	74	94	0

图3-27 无腰分割喇叭式直裙

2. 结构分解

无腰分割喇叭式直裙的结构分解如图3-28所示。

3. 裙片分解

无腰分割喇叭式直裙的裙片分解如图3-29所示。

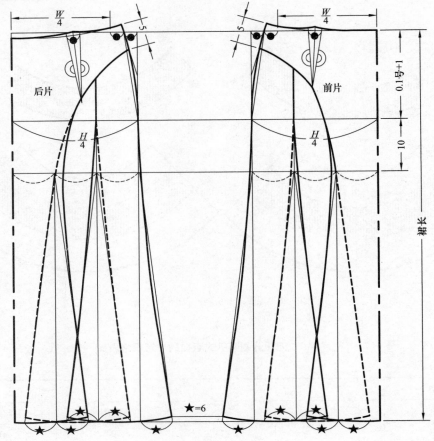

图3-28　无腰分割喇叭式直裙结构分解

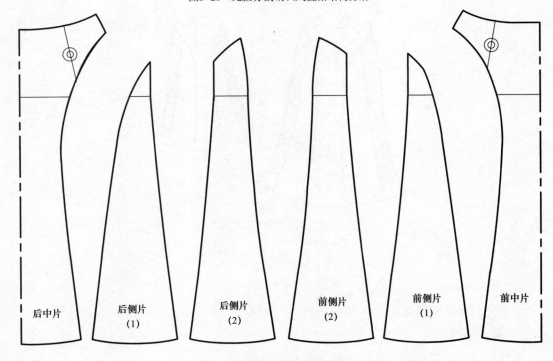

图3-29　无腰分割喇叭式直裙裙片分解

应用实例四　中腰斜分割喇叭式直裙

1. 款式细节

中腰斜分割喇叭式直裙的设定规格如表3-10所示，款式图如图3-30所示。款式特点表现为：中腰型，前、后裙片左侧设2条斜向弧形分割线，右侧设1斜向省，侧缝线自臀高线向下往外倾斜，侧缝展宽点为臀高线下10cm，右侧缝上端装拉链。此裙呈喇叭状。

表3-10　中腰斜分割喇叭式直裙的设定规格表

单位：cm

号型	160/72B			
部位	裙长	腰围	臀围	腰宽
规格	72	74	94	3

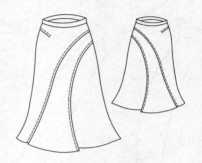

图3-30　中腰斜分割喇叭式直裙

2. 结构分解

中腰斜分割喇叭式直裙的结构分解如图3-31所示。

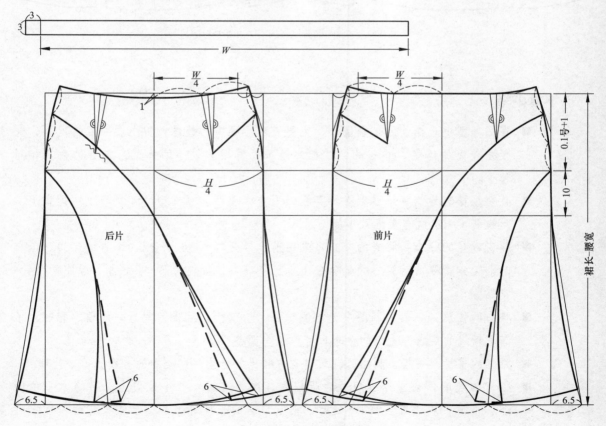

图3-31　中腰斜分割喇叭式直裙结构分解

3. 裙片分解

中腰斜分割喇叭式直裙的裙片分解如图3-32所示。

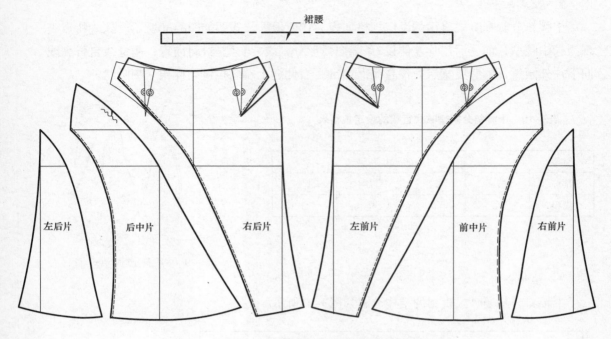

图3-32 中腰斜分割喇叭式直裙裙片分解

本章小结

- 直裙基型也是裙装的基础图形,主要表现在腰省的数量设置上。一般情况下,臀腰差较大的体型,腰省的数量相对较多;臀腰差较小的体型,腰省的数量相对较少。

- 直裙型裙装的侧缝线造型在臀高线以下有内偏型、偏直型、外展型(陀螺式)、弧线型(喇叭式与鱼尾式)等。

- 腰省数量的分布:腰省的分布可采用前、后腰口各收2个省和4个省的形式。但有时因款式需要前后腰省数量的分布也可不等量,如前片腰口2个省、后片腰口4个省等。

- 腰省的位置:一般在制图中为方便起见,均以前、后腰围宽等分处理。有时为了满足款式的要求,省位的分布也可作适当调整。

- 腰省的省量:一般在制图时,腰口省与撇势的量均将臀腰围的差数作等分处理。

- 腰省的长度:前腰口省短于后腰口省,原因是腹峰水平位偏上、臀峰水平位偏下。当前、后腰口各收4个省时,前腰口省的长度可等长,后腰口省的长度靠近后中心线一侧的省长于靠近侧缝线一侧的省。省的长度与省量有关,省量大则省长，省量小则省短。同时，还应结合面料质地性能和造型要求进行调节。

■ 直裙结构设计的方法是先确定基型，然后进行款式变化。

■ 直裙臀围的放松量为4~6cm。

思考题

1. 简述直裙的基本特点。

2. 简述直裙的类型。

3. 直裙侧缝线内偏时的斜率应如何控制？

4. 简述直裙型裙装腰省的确定方法。

5. 简述直裙型陀螺裙的特点。

6. 简述直裙型鱼尾裙的特点。

应用与技能——

A字裙结构设计

课题内容： A字裙基型

A字裙基本款

A字裙变化款

课题时间： 16课时

教学目的： 通过本章的学习，理解A字裙外形轮廓构成的基本原理，掌握A字裙基型的构成方法，并能应用A字裙基型进行基本款与变化款的制作。

教学方式： 应用PPT课件、板书与教师讲授同步进行。

教学要求： 1．理解A字裙基型构成的基本原理。

2．掌握A字裙基本款的制作方法。

3．了解A字裙变化款的制作方法。

第四章 A字裙结构设计

A字裙属于合体程度较高的一类裙型。A字裙的基本特点表现为裙身呈梯形、腰部收省、侧缝线略向外倾斜。A字裙的结构特点表现为臀围的放松量较小。A字裙的款式变化可在此基础上，作腰部的变化、裙身内部结构线的变化及裙摆在臀高线以下的展开等。

第一节 A字裙基型

A字裙基型是按裙装基础图形，变化其侧缝线的斜率而形成的。其主要表现形式体现在侧缝线斜率的控制上。一般情况下，臀腰差较大的体型，腰省的数量相对较多；臀腰差较小的体型，腰省的数量相对较少。整个腰围可设置4~8个省。以下为A字裙基型结构设计过程的具体分解。

一、设定规格

A字裙基型的设定规格如表4-1所示。

表4-1 A字裙基型的设定规格表

单位：cm

号型	160/68B		
部位	裙长	腰围	臀围
规格	60	70	94+C

注 C为侧腰省闭合量在臀高线上的增量。

二、成品规格放松量说明

1. **腰围**

净体规格+2cm。

2. **臀围**

净体规格+（4~6）cm+Ccm。裙装臀围所加放松量的大小是按贴体程度较高的状态设置的。

三、A字裙基本线构成

A字裙基本线的构成方法参见图2-4~图2-7所示。

四、A字裙结构线构成

①添加辅助线：以侧腰省的近侧缝线一侧的边线作延长线（图4-1）。

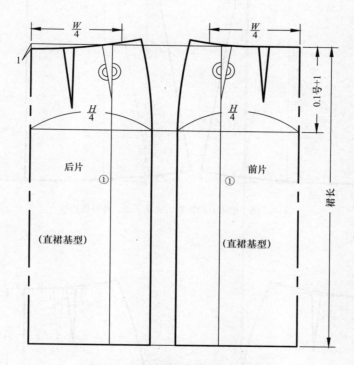

图4-1 直裙基型裙侧腰省添加辅助线

②闭合侧腰省、展宽下摆：以侧腰省的省尖点为旋转点，闭合侧腰省的同时展宽下摆（图4-2）。

③调整底边线：前、后底边线以弧线连顺（图4-2）。

④腰口弧线：前、后腰口线以弧线连顺（图4-3）。

⑤腰省移位：将腰省移至腰口线中点（图4-3）。

五、A字裙腰口线的修正

A字裙腰口线的修正方法如图4-4所示。

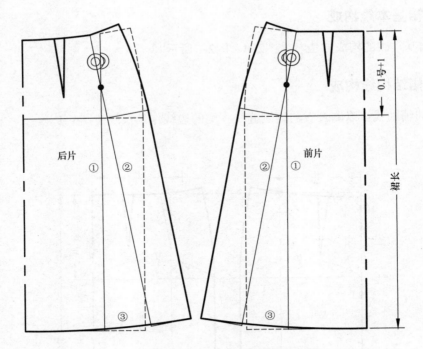

图4-2 A字裙闭合侧腰省、展宽下摆、调整底边线

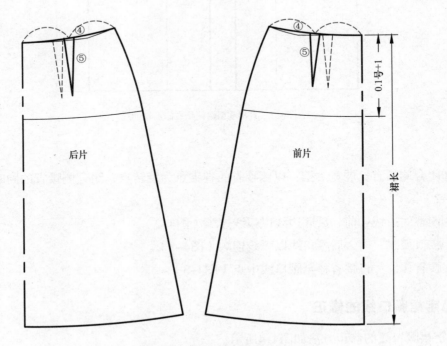

图4-3 A字裙腰口线调整与腰省移位

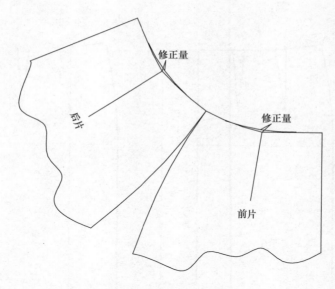

图4-4 A字裙腰口线修正

六、A字裙结构设计解析

（一）A字裙各部位规格放松量处理

1. 裙长

裙长在满足基本穿着要求的条件下，主要与款式变化有关，属变化较大的部位。

2. 臀高

臀高的确定主要与人体的身高有关，属微变部位。

3. 腰围

腰围是A字裙中与人体关系最为密切的部位。处理方法为净腰围加1~2cm的放松量，属相对不变部位。

4. 臀围

臀围在A字裙中的处理方法是净臀围加4~6cm，再加上调整量C，属微变部位。

5. 摆围

摆围在A字裙中的处理方法是大于臀围，其控制量与裙长及腰省量的大小有关。

（二）A字裙侧缝线外偏量的确定

1. 侧缝线外偏量的范围

侧缝线外偏量是指臀高线以下侧缝线的斜率。侧缝线外偏量的确定依据是人体的穿着要求及裙装造型。侧缝线外偏量的范围是在直裙基型的基础上，保留不小于为满足人体穿着要求2cm腰省量的前提下，将剩余的腰省以省尖点为旋转点，逐渐缩小腰省量直至闭合（图4-5）。

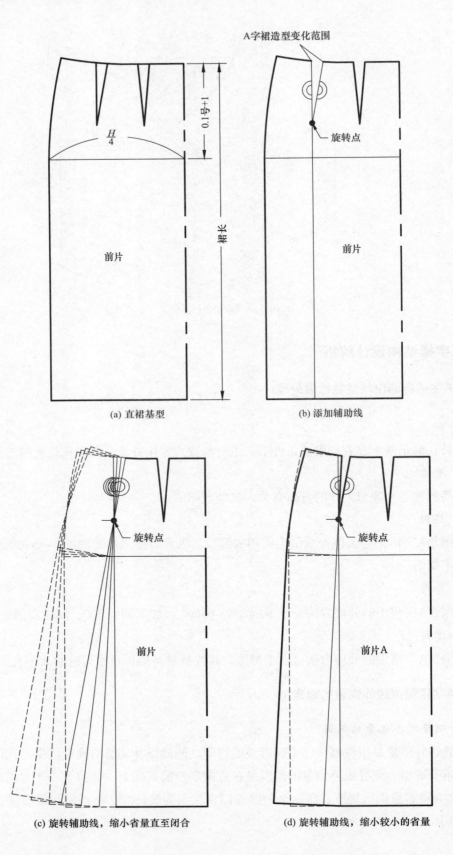

(a) 直裙基型

(b) 添加辅助线

(c) 旋转辅助线，缩小省量直至闭合

(d) 旋转辅助线，缩小较小的省量

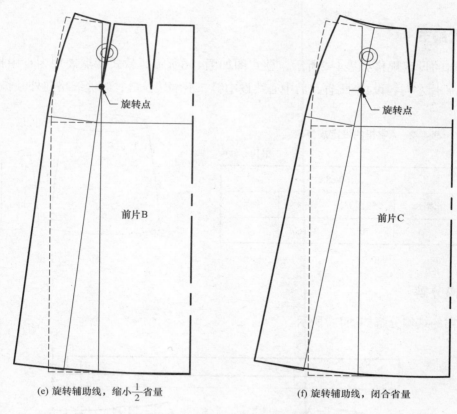

（e）旋转辅助线，缩小$\frac{1}{2}$省量　　　　　　　（f）旋转辅助线，闭合省量

图4-5　侧缝线外偏量的变化（因后片与前片旋转方法相同，故略）

2. 影响侧缝线外偏量的相关因素

（1）侧缝线外偏量的大小受裙长变化因素的影响，具体表现为：裙长偏短时外偏量较小，裙长偏长时外偏量较大。因为侧缝线的外偏量与人体的穿着要求相关，所以可采用控制侧缝线斜率的处理方法，使侧缝线外偏量的数值控制在满足人体穿着要求的范围内。

（2）侧缝线外偏量的大小受腰省量大小变化因素的影响，具体表现为：腰省量偏大时外偏量较大，腰省量偏小时外偏量较小。在满足人体穿着要求的前提下，可采用控制腰省量的处理方法，使侧缝线外偏量的数值控制在满足人体穿着要求及裙装造型的范围内。

第二节　A字裙基本款

　　A字裙基本款的裙身呈梯形，整个腰围可设置4~8个腰省。本书以整个腰围设置4个腰省、后中心线设置分割线的A字裙基本款为例，介绍A字裙基本款的结构设计、板型制作及排料方法的构成。

一、款式细节

A字裙的设定规格如表4-2所示，款式图如图4-6所示。款式特点表现为：中腰型直腰，前、后片左右各设1个腰省，后中心线设中缝、上端装拉链，侧缝线略向外倾斜。

表4-2　A字裙的设定规格表

单位：cm

号型	160/68A			
部位	裙长	腰围	臀围	腰宽
规格	55	70	94+C	4

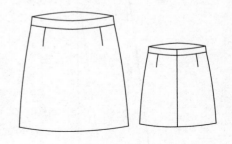

图4-6　A字裙

二、结构分解

A字裙的结构分解如图4-7所示。

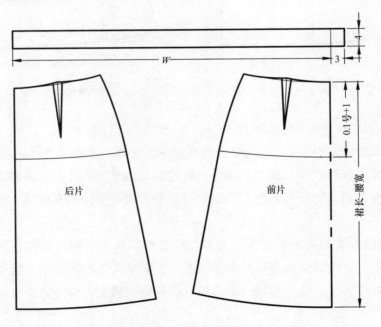

图4-7　A字裙结构分解

三、板型制作

A字裙的板型制作方法如图4-8所示。

四、排料方法

A字裙的排料方法如图4-9所示。

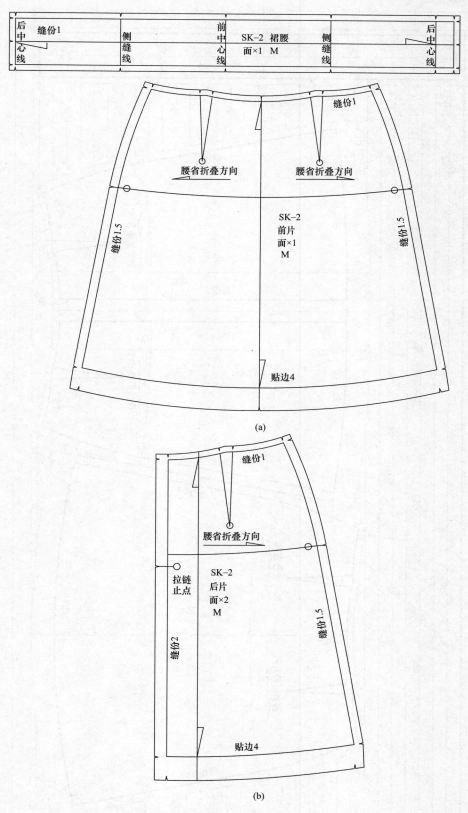

图4-8 A字裙板型制作

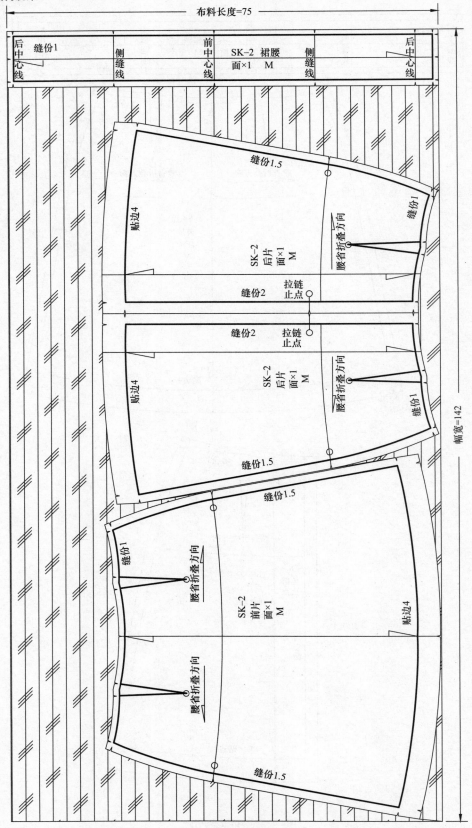

图4-9 A字裙排料方法

第三节 A字裙变化款

以直裙为基础的A字裙的特点是：裙腰口设置腰省，侧缝线可作一定范围的向外的结构变化，其内部结构线可作收省式、分割式、展开式等的变化。

一、侧缝线外偏量较小的裙装变化款

A字裙侧缝线外偏量较小的裙装变化款，其特点是腰省在直裙基型基础上的腰省闭合量较小，选用基型为A型。具体分类参见图4-5所示。

应用实例一 低腰组合分割式A字裙

1. 款式细节

低腰组合分割式A字裙的设定规格如表4-3所示，款式图如图4-10所示。款式特点表现为：低腰型，前、后片腰口设置育克，前片左右各设1个月牙形前袋，前中心线设门襟，前、后片设横向折线形分割线，下部裙侧设纵向镶条，侧缝线向外作较小的倾斜量。各部位止口缉线如图示。

表4-3 低腰组合分割式A字裙的设定规格表

单位：cm

号型	160/68A			
部位	裙长	腰围	臀围	低腰量
规格	45	70	94+C	5

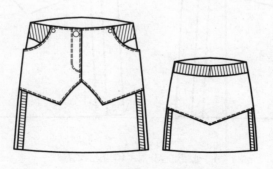

图4-10 低腰组合分割式A字裙

2. 结 构 分 解

低腰组合分割式A字裙的结构分解如图4-11所示。

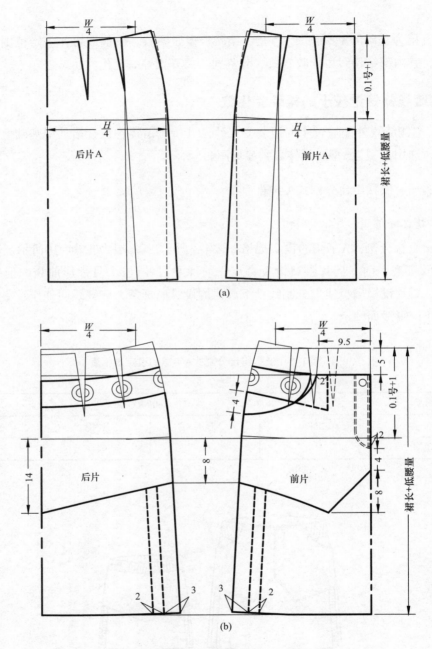

图4-11　低腰组合分割式A字裙结构分解

3. 裙 片 分 解

低腰组合分割式A字裙的裙片分解如图4-12所示。

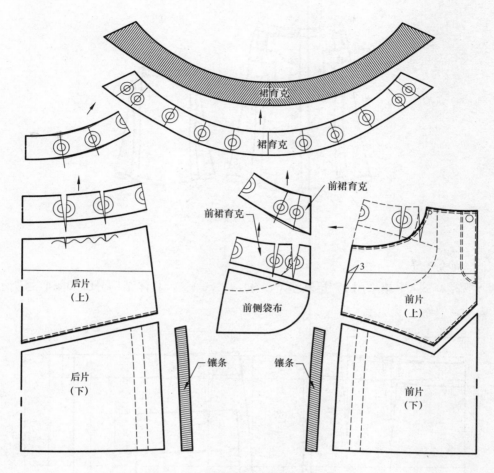

图4-12　低腰组合分割式A字裙裙片分解

应用实例二　无腰褶裥式A字裙

1. 款式细节（图4-13）

无腰褶裥式A字裙的设定规格如表4-4所示，款式图如图4-13所示。款式特点表现为：无腰型，前、后片腰口设置育克，育克上设置串带5个，前片左右各设1个装袋盖长方形贴袋，前中开襟，钉扣5粒，前、后片左右两侧各设2个纵向褶裥，侧缝线向外作较小的倾斜量。各部位止口缉线如图示。

表4-4　无腰褶裥式A字裙的设定规格表

单位：cm

号型	160/68A			
部位	裙长	腰围	臀围	腰宽
规格	55	70	94+C	0

图4-13　无腰褶裥式A字裙

2. 结构分解

无腰褶裥式A字裙采用A字裙基型A［图4-11（a）］，具体结构分解如图4-14所示。

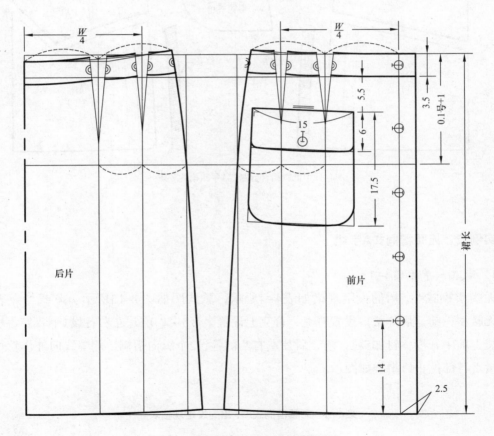

图4-14　无腰褶裥式A字裙结构分解

3. 裙片分解

无腰褶裥式A字裙的裙片分解如图4-15所示。

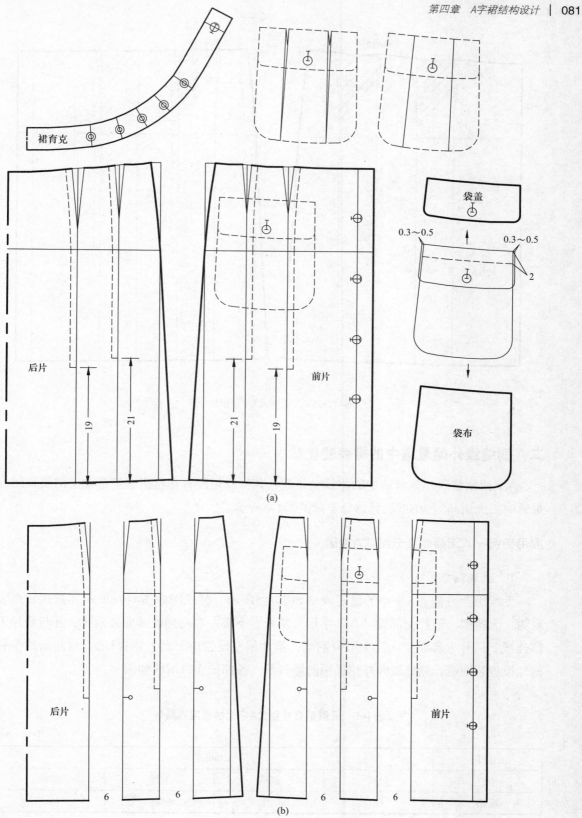

裙育克

袋盖

0.3～0.5　　　0.3～0.5

2

袋布

后片

前片

19　21　21　19

(a)

后片

前片

6　6　6　6

(b)

图4-15

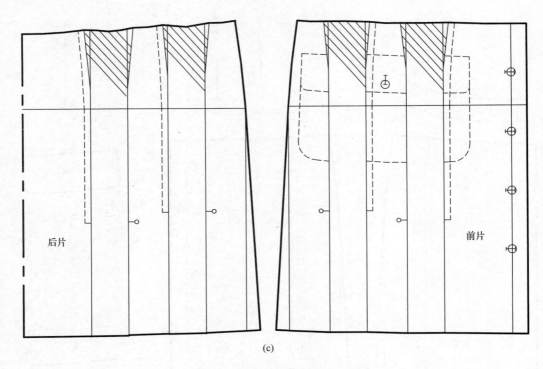

(c)

图4-15　无腰褶裥式A字裙裙片分解

二、侧缝线外偏量适中的裙装变化款

A字裙侧缝线外偏量适中的裙装变化款，其特点是腰省在直裙基型基础上的腰省闭合量适中，选用基型为B型。具体分类参见图4-5所示。

应用实例一　无腰组合分割式A字裙

1. 款式细节

无腰组合分割式A字裙的设定规格如表4-5所示，款式图如图4-16所示。款式特点表现为：无腰型，前片上部设"八"字形分割线，下部左右两侧设弧形分割线，并与后片下部连接，后片上部设"入"字形分割线，裙片偏左设置由下向上腰省1个，自左前片至右前片设置装饰带，侧缝线向外作适中的倾斜量。各部位止口缉线如图示。

表4-5　无腰组合分割式A字裙的设定规格表

单位：cm

号型	160/68A			
部位	裙长	腰围	臀围	腰宽
规格	68	70	94+C	0

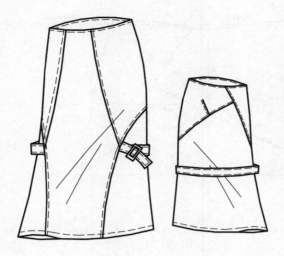

图4-16　无腰组合分割式A字裙

2. 结构分解

无腰组合分割式A字裙的结构分解如图4-17所示。

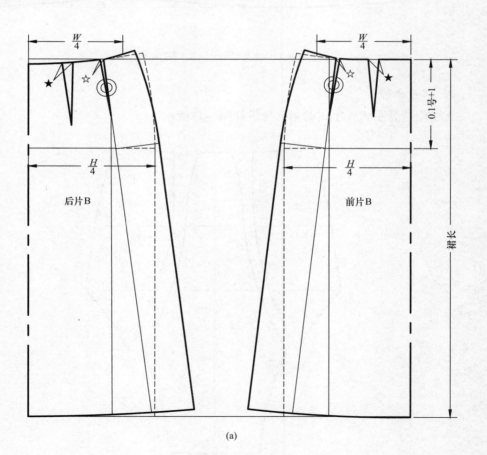

(a)

图4-17

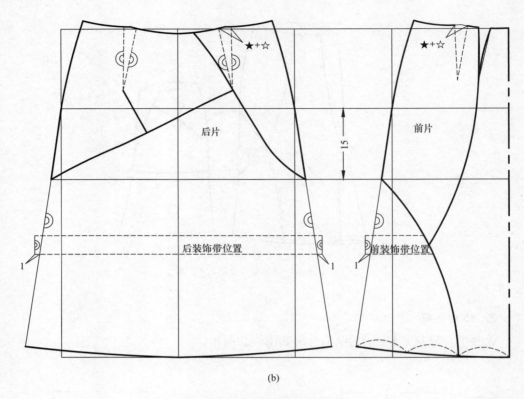

图4-17　无腰组合分割式A字裙结构分解

3. 裙片分解

无腰组合分割式A字裙的裙片分解如图4-18所示。

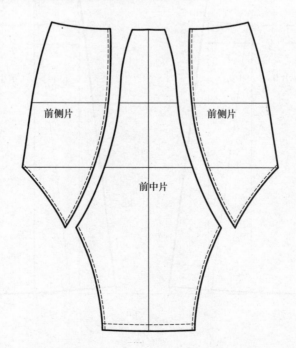

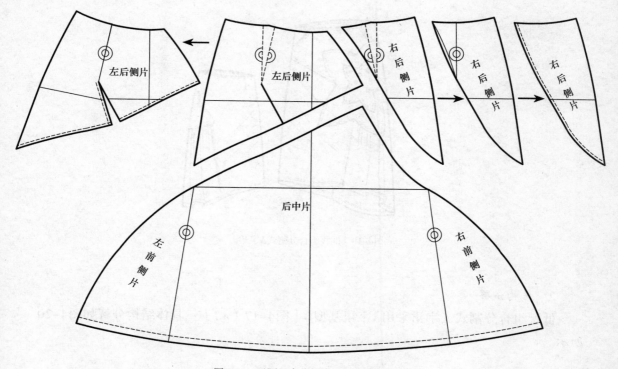

图4-18 无腰组合分割式A字裙裙片分解

应用实例二 低腰组合分割式A字裙

1. 款式细节

低腰组合分割式A字裙的设定规格如表4-6所示，款式图如图4-19所示。款式特点表现为：低腰型，前片上部左右各设1月牙形前袋，中部设1条左高右低的斜向分割线，下部偏右侧设纵向分割线，右侧收细褶，并与后片下部连接，后片上部设2个腰省，裙片偏右设置纵向分割线，右侧收细褶，裙下摆呈左高右低的斜弧形，前后片右侧镶贴如图4-19所示的图案，侧缝线向外作适中的倾斜量。各部位止口缉线如图示。

表4-6 低腰组合分割式A字裙的设定规格表

单位：cm

号型	160/68A			
部位	裙长	腰围	臀围	低腰量
规格	78	70	94+C	2

图4-19　低腰组合分割式A字裙

2. 结构分解

　　低腰组合分割式 A 字裙采用A字裙基型B［图4-17（a）］，具体结构分解如图4-20所示。

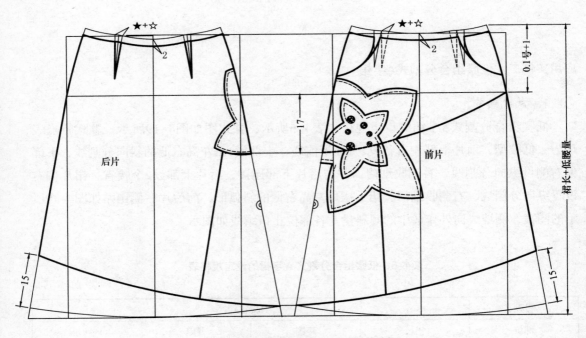

图4-20　低腰组合分割式A字裙结构分解

3. 裙片分解

　　低腰组合分割式 A 字裙的裙片分解如图4-21所示。

后片

前片
(上)

前片
(下)

侧片
(右)

(a)

右侧片

右侧片

右侧片

(b)

图4-21

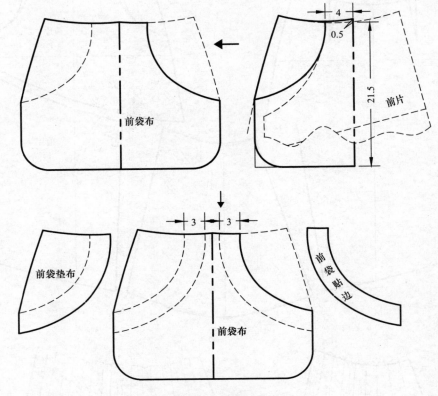

图4-21　低腰组合分割式A字裙裙片分解

三、侧缝线外偏量较大的裙装变化款

A字裙侧缝线外偏量较大的裙装变化款，其特点是腰省在直裙基型基础上的腰省闭合量较大，选用基型为C型。具体分类参见图4-5所示。

应用实例一　无腰褶裥式A字裙

1．款式细节

无腰褶裥式A字裙的设定规格如表4-7所示，款式图如图4-22所示。款式特点表现为：无腰型，前、后片上部设育克，育克上设4根串带，串带下设装饰金属环，裙片左右两侧设斜向褶裥，褶裥至下部转化为细褶，裙片中部偏下设装饰带，借以固定细褶，右侧缝上端装拉链，侧缝线向外作较大的倾斜量。各部位止口缉线如图示。

表4-7　无腰褶裥式A字裙的设定规格表

单位：cm

号型	160/68A			
部位	裙长	腰围	臀围	腰宽
规格	48	70	94+C	0

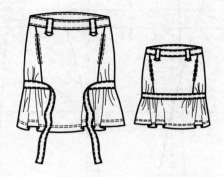

图4-22　无腰褶裥式A字裙

2. 结构分解

无腰褶裥式A字裙的结构分解如图4-23所示。

3. 裙片分解

无腰褶裥式A字裙的裙片分解如图4-24所示。

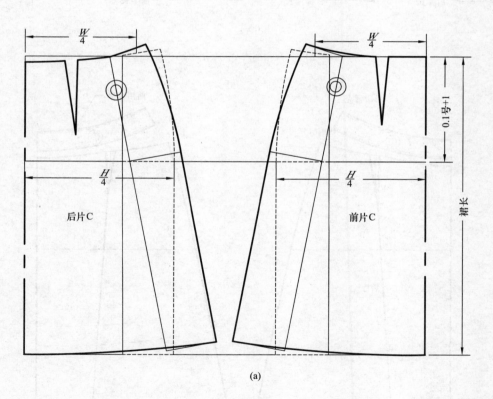

(a)

图4-23

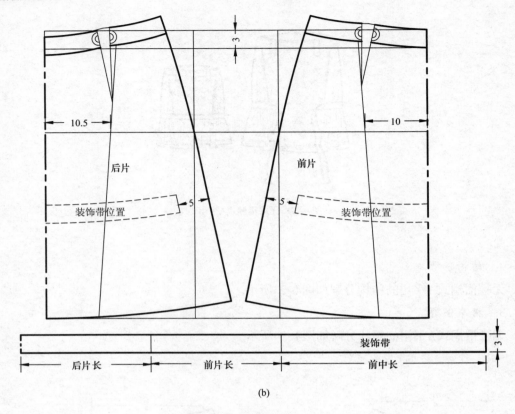

(b)

图4-23　无腰褶裥式A字裙结构分解

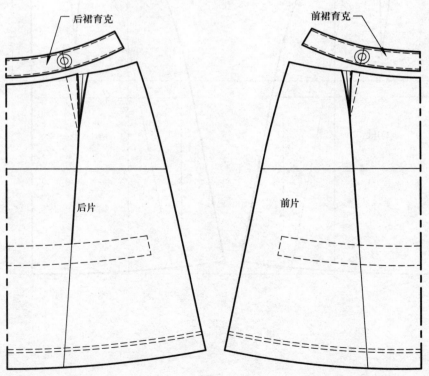

(a)

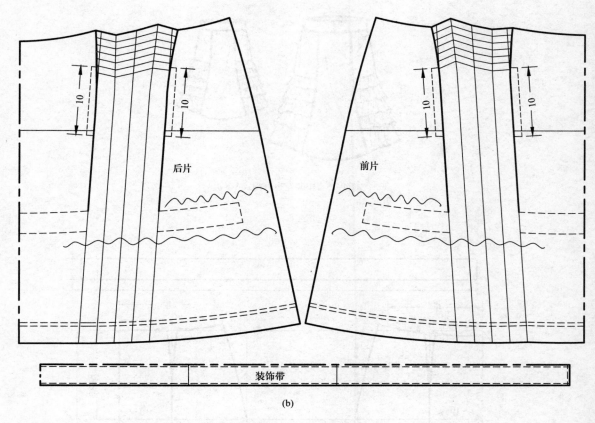

(b)

图4-24 无腰褶裥式A字裙裙片分解

应用实例二 中腰花边分割式A字裙

1. 款式细节

中腰花边分割式A字裙的设定规格如表4-8所示，款式图如图4-25所示。款式特点表现为：中腰型，前、后片左右设纵向弧形分割线，两侧中部偏上设横向分割线，下部设五层花边，并连通前后侧片，右侧缝上端装拉链，侧缝线向外作较大的倾斜量。各部位止口缉线如图示。

表4-8 中腰花边分割式A字裙的设定规格表

单位：cm

号型	160/68A			
部位	裙长	腰围	臀围	腰宽
规格	70	70	94+C	4

2. 结构分解

中腰花边分割式A字裙采用A字裙基型C［图4-23（a）］，具体结构分解如图4-26所示。

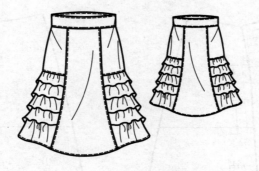

图4-25　中腰花边分割式A字裙

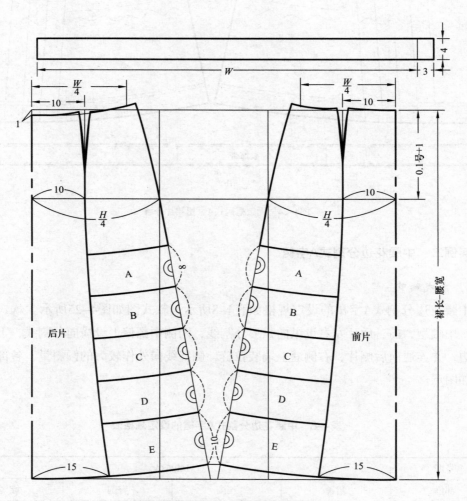

图4-26　中腰花边分割式A字裙结构分解

3. 裙片分解

中腰花边分割式A字裙的裙片分解如图4-27所示。

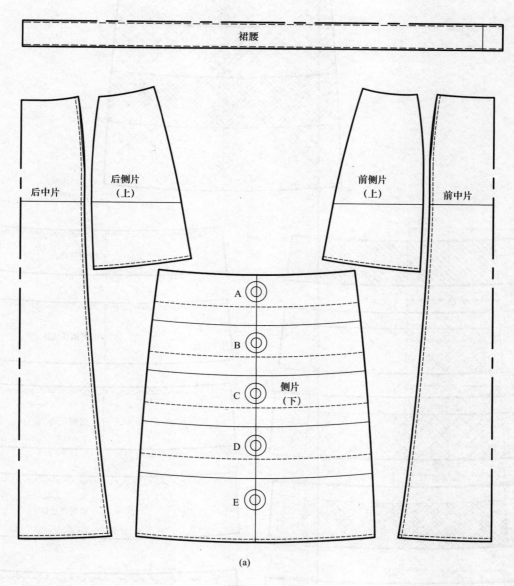

(a)

图4-27

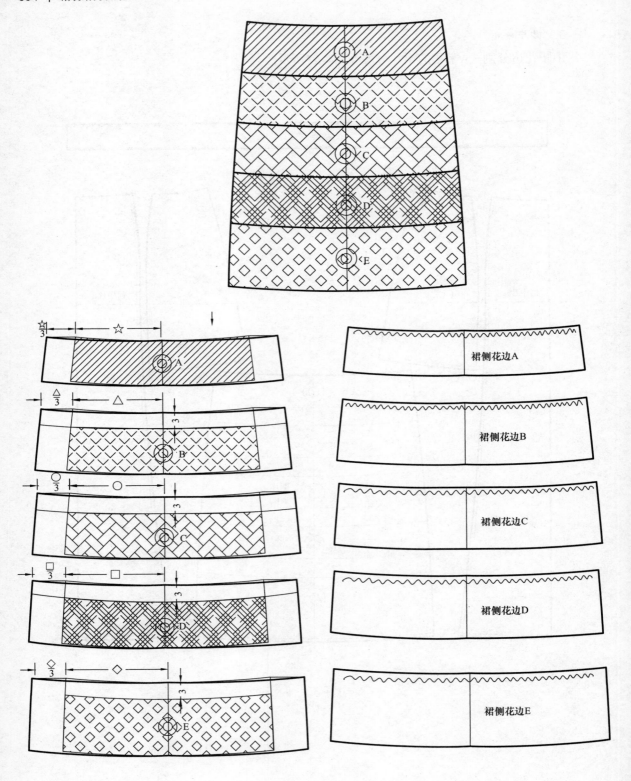

(b)

图4-27 中腰花边分割式A字裙裙片分解

应用实例三 低腰插角分割式A字裙

1. 款式细节

低腰插角分割式A字裙的设定规格如表4-9所示，款式图如图4-28所示。款式特点表现为：低腰型，前片上部设尖形育克，后片上部设横向育克，前、后片左右设纵向分割线，下部设插角（6片），右侧缝上端装拉链，侧缝线向外作较大的倾斜量。各部位止口缉线如图示。

表4-9 低腰插角分割式A字裙的设定规格表

单位：cm

号型	160/68A			
部位	裙长	腰围	臀围	腰宽
规格	70	70	94+C	4

图4-28 低腰插角分割式A字裙

2. 结构分解

低腰插角分割式A字裙采用A字裙基型C［图4-23（a）］，具体结构分解如图4-29所示。

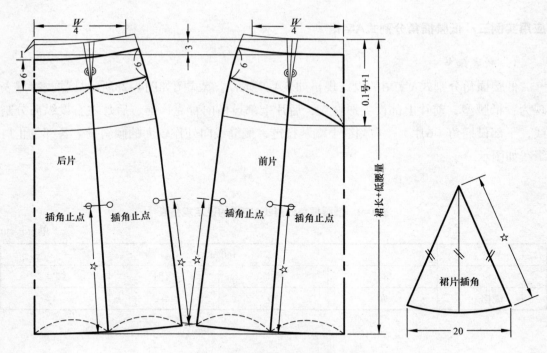

图4-29 低腰插角分割式A字裙结构分解

3. 裙片分解

低腰插角分割式A字裙的裙片分解如图4-30所示。

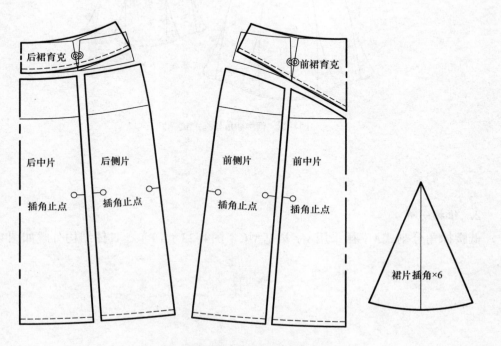

图4-30 低腰插角分割式A字裙裙片分解

本章小结

- A字裙基型是按裙装基础图形，变化其侧缝线的斜率而形成的。其主要表现形式体现在侧缝线斜率的控制上。一般情况下，臀腰差较大的体型，腰省的数量相对较多；臀腰差较小的体型，腰省的数量相对较少。
- A字裙侧缝线外偏量的确定：侧缝线外偏量的范围是在直裙基型的基础上，保留不小于为满足人体穿着要求的2cm腰省量的前提下，将剩余的腰省以省尖点为旋转点，逐渐缩小腰省量直至闭合。根据外偏量的大小，分为三种形态的侧缝外偏量来进行A字裙的结构设计。
- 影响侧缝线外偏量的相关因素：侧缝线外偏量的大小受裙长变化因素的影响，表现为裙长偏短时外偏量较小、裙长偏长时外偏量较大；侧缝线外偏量的大小受腰省量大小变化因素的影响，表现为腰省量偏大时外偏量较大、腰省量偏小时外偏量较小。
- A字裙的结构设计方法是先根据款式的造型确定相应的基型，然后进行款式变化。
- A字裙的臀围放松量是在直裙臀围放松量的基础上，根据腰省闭合量的大小（以"C"表示）自动调节臀围，即腰省闭合量大时，臀围放松量也大；腰省闭合量较小时，臀围放松量就较小。

思考题

1. 简述A字裙的基本特点。
2. 简述A字裙的类型。
3. A字裙的侧缝线外偏量应如何控制？
4. 简述A字裙腰省的确定方法。

应用与技能——

斜裙结构设计

课题内容： 斜裙基型
　　　　　　斜裙基本款
　　　　　　斜裙变化款

课题时间： 16课时

教学目的： 通过本章的学习，理解斜裙外形轮廓构成的基本原理，掌握斜裙基型的构成方法，并能应用斜裙基型进行基本款与变化款的制作。

教学方式： 应用PPT课件、板书与教师讲授同步进行。

教学要求： 1. 理解斜裙基型构成的基本原理。

　　　　　　2. 掌握斜裙基本款的制作方法。

　　　　　　3. 了解斜裙变化款的制作方法。

第五章　斜裙结构设计

斜裙属于非合体型裙装。斜裙的基本特点表现为腰部无省、侧缝线向外倾斜、裙身下摆呈波浪状。斜裙的结构特点表现为臀围的放松量较大，进行结构设计时臀围的大小按款式要求而定。斜裙的款式变化可在此基础上，作腰部的变化、裙身的内部结构线变化及裙摆的展开变化等。

第一节　斜裙基型

斜裙基型是按A字裙的基础图形，变化其侧缝线的斜率而形成的。其主要表现形式体现在侧缝线斜率的控制上，侧缝线斜率越大，裙摆的波浪也就越大。以下为斜裙基型结构设计过程的具体分解。

一、设定规格

斜裙基型的设定规格如表5-1所示。

表5-1　斜裙基型的设定规格表

单位：cm

号型	160/68A		
部位	裙长	腰围	臀围
规格	60	70	94+C+D

注　C为A字裙侧腰省闭合后臀高线上的增量，D为腰省全部闭合、通过腰口中点继续旋转后臀高线上的增量。

二、成品规格放松量说明

1. *腰围*

净体规格+2cm。

2. *臀围*

净体规格+（4～6）cm+Ccm+Dcm。臀围加放松量的大小是按裙装的造型要求设置的。

三、斜裙基本线构成

斜裙基本线的构成方法参见图4-1 ~ 图4-3所示。

四、斜裙结构线构成

（一）在A字裙基型C的基础上制作

①添加辅助线：在A字裙基型C的基础上，以腰省的一侧的边线作延长线（图5-1）。

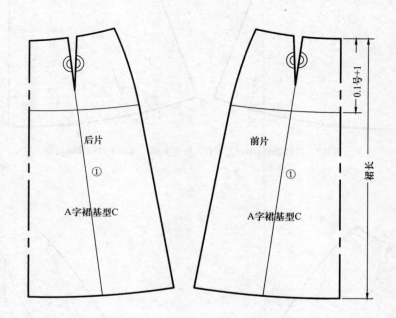

图5-1　在A字裙基型C的腰省处添加辅助线

②闭合侧腰省、展宽下摆：以腰省的省尖点为旋转点，闭合腰省的同时展宽下摆（图5-2）。

③调整底边线：前、后片底边线以弧线连顺（图5-2）。

④腰口弧线：前、后腰口线以弧线连顺（图5-2）。

（二）在斜裙基型A的基础上制作

①固定腰口中点、展宽下摆：以腰口中点为旋转点，按裙装造型要求旋转一定的量，同时展宽下摆（图5-3）。

②调整腰口弧线：前、后片腰口线以弧线连顺（图5-3）。

③调整底边线：前、后片底边线以弧线连顺（图5-3）。

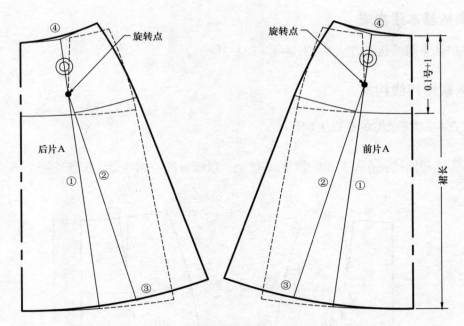

图5-2 斜裙基型A闭合侧腰省、展宽下摆、调整腰口线及底边线

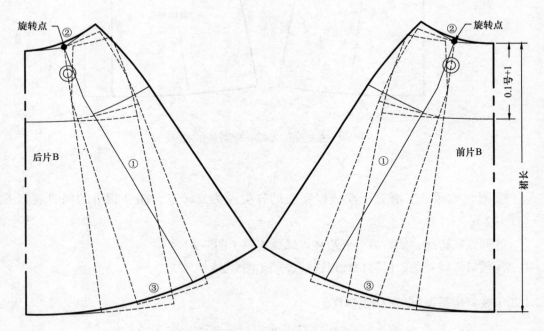

图5-3 斜裙基型B旋转腰口线中点、展宽下摆、调整腰口线及底边线

五、斜裙结构设计解析

（一）各部位规格放松量处理

1. 裙长
裙长在满足基本穿着要求的条件下，主要与款式变化有关，属变化较大的部位。

2. 臀高
臀高的确定主要与人体的身高有关，属微变的部位。

3. 腰围
腰围是斜裙中与人体关系最为密切的部位。处理方法为净腰围加1～2cm的放松量，属相对不变的部位。

4. 臀围
臀围为非控制部位。因斜裙为非合体裙，臀围放松量远大于臀围，所以不必控制臀围，臀围的大小按造型要求确定。

5. 摆围
摆围的控制量与裙装造型有关，摆围越大，波浪量越大。

（二）斜裙侧缝线外偏量的确定

1. 侧缝线外偏量的范围
侧缝线外偏量是指臀高线以下侧缝线的斜率。侧缝线外偏量的确定依据是人体的穿着要求及裙装造型。斜裙侧缝线外偏量的范围为：一是在A字裙基型C的基础上，将剩余的腰省以省尖点为旋转点，闭合腰省量，得到斜裙基型A（图5-2）；二是在斜裙基型A的基础上，将腰口线的中点作为旋转点，根据裙装造型的要求旋转一定的量，得到斜裙基型B（图5-3）。

2. 影响侧缝线外偏量的相关因素
侧缝线外偏量的大小受裙长变化因素的影响，表现为裙长偏短时外偏量较小、裙长偏长时外偏量较大。因侧缝线的外偏量与裙装的造型要求密切相关，因此可按造型设计侧缝的外偏量。

（三）腰口弧线长度的调整

由于斜裙的腰口是斜丝易伸展，而缝纫时又因造型需要（波浪均匀适度）要略伸开，因此制图时应在侧缝处撇去一定的量，撇去量的大小视面料质地性能而定。另外，还可采取将腰围规格减小的方法，使成品后的腰围符合原定的规格。

（四）裙摆的处理

斜裙因斜丝部位会造成前、后中缝伸长，使裙摆不圆顺，因此制图时应将其伸长的部分扣除。而采用的面料质地性能不同，伸长的长度也不一样，故要酌情扣除。扣除量可采用立体裁剪的方法，将缝制好的斜裙（除下摆外）穿在人体或人体模型上，从地面向上量取至底边一周（地面至底边的距离，一周全部相等，做好定位标记），然后修剪至圆顺。

（五）斜裙以特殊角度计算腰口弧线的结构设计方法

两片斜裙裙片的夹角通常是90°×2=180°，四片斜裙裙片的夹角是45°×4=180°，因此制图时可采用求半径（R）的方法计算腰口弧线，具体公式是设腰口半径为R，则$R=\dfrac{腰围（W）}{\pi}$。例如，斜裙腰围（W）=66cm，则$R=\dfrac{腰围（W）}{\pi}=\dfrac{66}{3.14}\approx21$cm，由此得出腰口半径为21cm。以此类推，可作360°等特殊角度的斜裙裙片。

（六）圆裙式斜裙（180°）的应用实例

1. 款式细节

圆裙式斜裙的设定规格如表5-2所示，款式图如图5-4所示。款式特点表现为：中腰型直腰；两片式斜裙，以特殊角度90°×2=180°构成裙片，右侧缝上端装拉链，侧缝线向外倾斜，下摆展宽形成波浪状。

表5-2　圆裙式斜裙的设定规格表

单位：cm

号型	160/68A			
部位	裙长	腰围	臀围	腰宽
规格	70	70	94+C+D	3.5

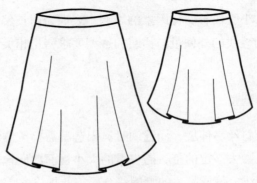

图5-4　圆裙式斜裙

2. 结构分解

圆裙式斜裙的结构分解如图5-5所示。

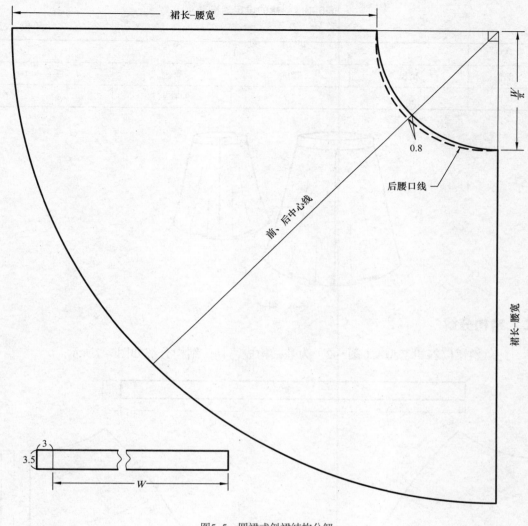

图5-5 圆裙式斜裙结构分解

第二节 斜裙基本款

斜裙基本款腰口无省，下摆展宽呈波浪状，其基本款有两片式、四片式及多片式等。本书以四片式斜裙的基本款为例，介绍斜裙基本款的结构设计、板型制作及排料方法的构成。

一、款式细节

斜裙的设定规格如表5-3所示，款式图如图5-6所示。款式特点表现为：中腰型直腰，前、后片设中缝，后中缝上端装拉链，侧缝线向外倾斜，下摆展宽形成波浪状。

表5-3　斜裙的设定规格表

单位：cm

号型	160/68A			
部位	裙长	腰围	臀围	腰宽
规格	64	70	94+C+D	4

图5-6　斜裙

二、结构分解

此款斜裙以斜裙基型A（图5-2）为基础构成，具体结构分解如图5-7所示。

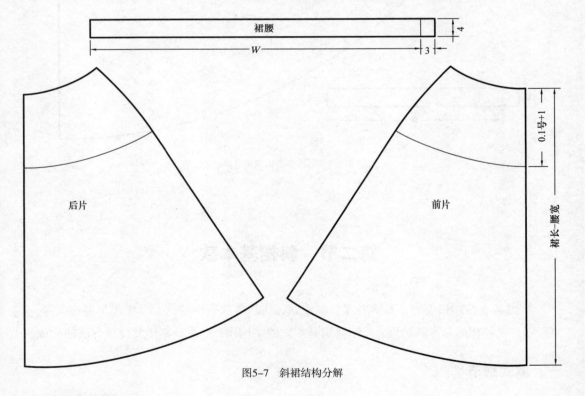

图5-7　斜裙结构分解

三、板型制作

斜裙的板型制作方法如图5-8所示。

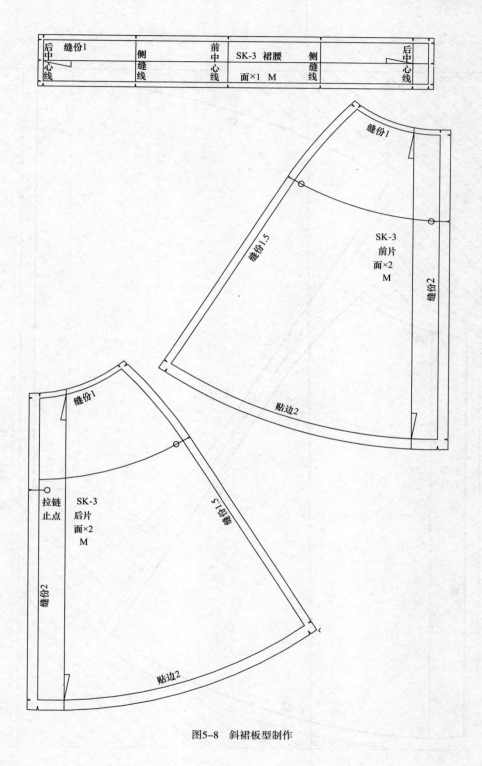

图5-8　斜裙板型制作

四、排料方法

斜裙的具体排料方法如图5-9所示。

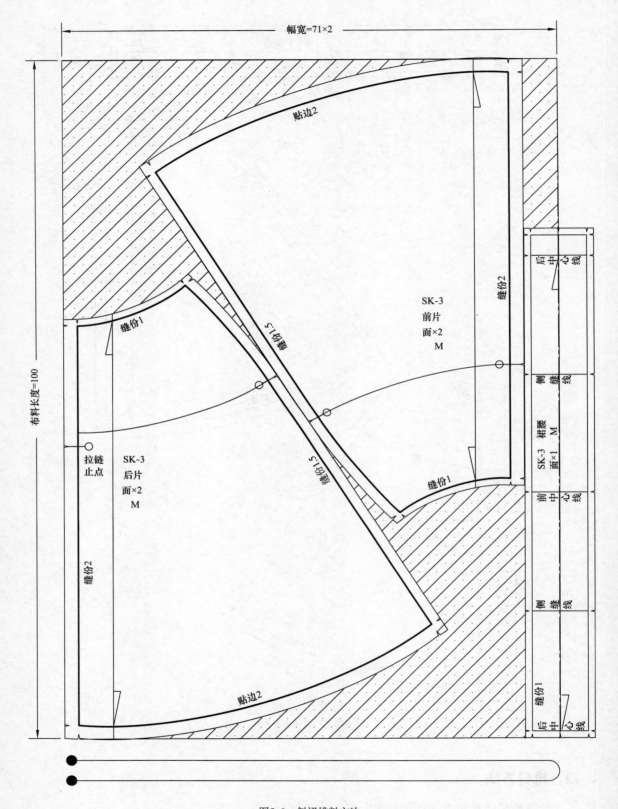

图5-9　斜裙排料方法

第三节　斜裙变化款

以A字裙为基础的斜裙的特点是：裙腰口无腰省，侧缝线可作向外展宽的结构变化，其内部结构线可作收省式、分割式、展开式等的变化。

一、侧缝线外偏量较小的裙装变化款

斜裙侧缝线外偏量较小的裙装变化款，选用基型为A型，即闭合A字裙基型腰省而得到的侧缝线外偏量，在斜裙中属侧缝线外偏量较小的变化款。具体分类参见图5-2所示。

应用实例一　无腰组合分割式斜裙

1. 款式细节

无腰组合分割式斜裙的设定规格如表5-4所示，款式图如图5-10所示。款式特点表现为：无腰型、前、后片腰口设置育克，前片设尖形分割线，前中设门襟，后片设上弧形分割线，裙下摆锁缝不卷边，分割线下部裙片为两层（两层之差为5cm），侧缝线向外作较小倾斜量（在无腰省的条件下），前、后片分割线及裙下摆设铆钉装饰。各部位止口缉线如图示。

表5-4　无腰组合分割式斜裙的设定规格表

单位：cm

号型	160/68A			
部位	裙长	腰围	臀围	腰宽
规格	55	70	94+C+D	0

图5-10　无腰组合分割式斜裙

2. 结构分解

无腰组合分割式斜裙的结构分解如图5-11所示。

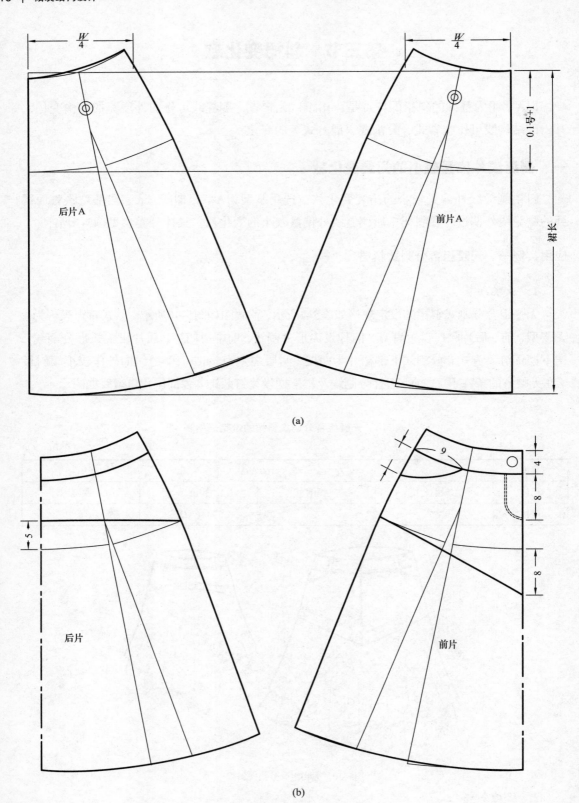

图5-11 无腰组合分割式斜裙结构分解

3．裙片分解

无腰组合分割式斜裙的裙片分解如图5-12所示。

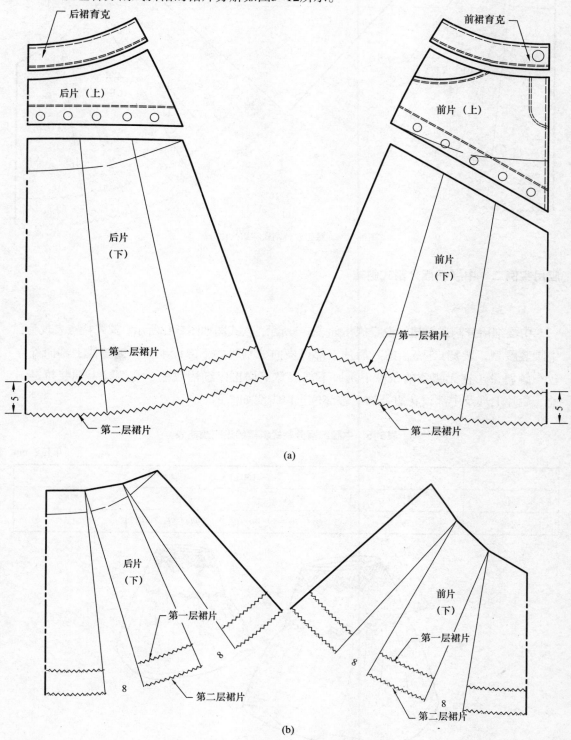

图5-12

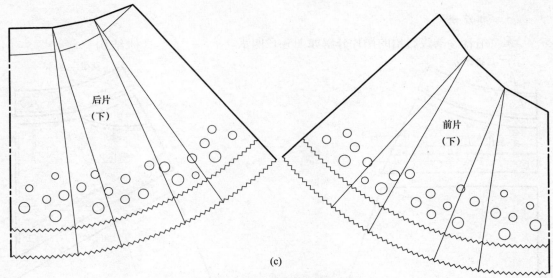

(c)

图5-12　无腰组合分割式斜裙裙片分解

应用实例二　中腰细褶分割式斜裙

1．款式细节

中腰细褶分割式斜裙的设定规格如表5-5所示，款式图如图5-13所示。款式特点表现为：中腰装腰型，腰宽1.5cm；前、后片上部设横向分割线，下部设细褶，侧缝线上部向外作较小倾斜量（在无腰省的条件下），下部展宽下摆再以细褶收缩，右侧缝上端装拉链，前、后片上部及中部设花边装饰。各部位止口缉线如图示。

表5-5　中腰细褶分割式斜裙的设定规格表

单位：cm

号型	160/68A			
部位	裙长	腰围	臀围	腰宽
规格	58	70	94+C+D	1.5

图5-13　中腰细褶分割式斜裙

2. 结构分解

中腰细褶分割式斜裙采用斜裙基型A［图5-11（a）］，具体结构分解如图5-14所示。

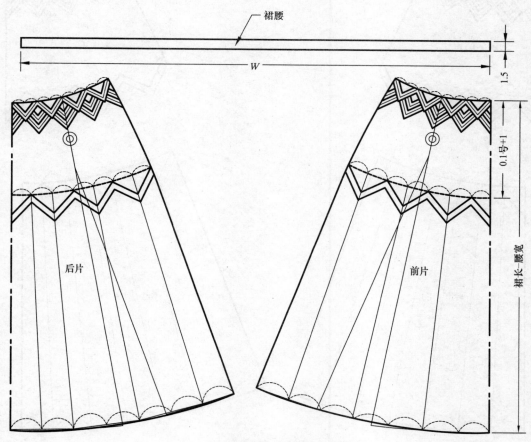

图5-14　中腰细褶分割式斜裙结构分解

3. 裙片分解

中腰细褶分割式斜裙的结构分解如图5-15所示。

应用实例三　无腰花边细褶斜分割式斜裙

1. 款式细节

无腰花边细褶斜分割式斜裙的设定规格如表5-6所示，款式图如图5-16所示。款式特点表现为：无腰型，前、后片上部及中部设斜向分割线，前后片左侧缝收细褶，前片右侧设月牙形前袋1个，前中设明门襟，前、后片中部分割线下设三层长短不一的花边，侧缝线向外作较小倾斜量（在无腰省的条件下），右侧缝上端装拉链。各部位止口缉线如图示。

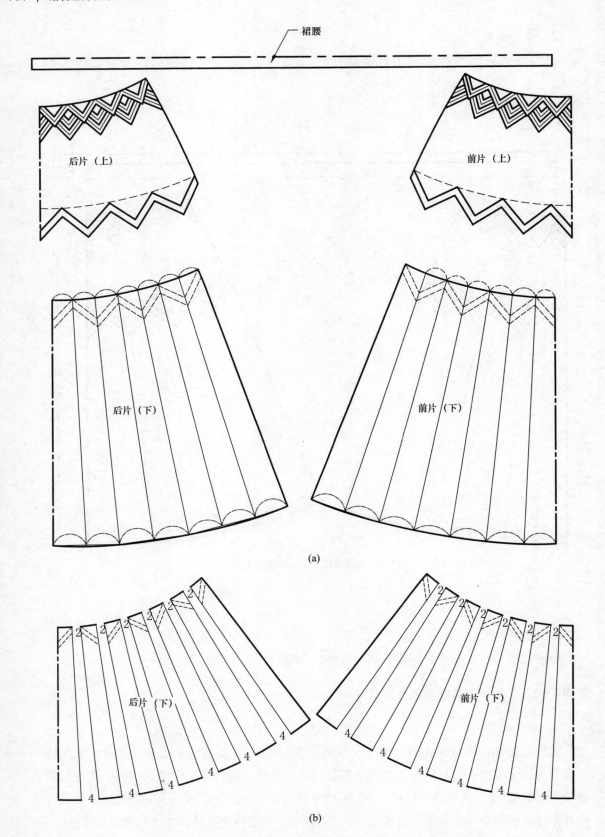

裙腰

后片（上）

前片（上）

后片（下）

前片（下）

(a)

后片（下）

前片（下）

(b)

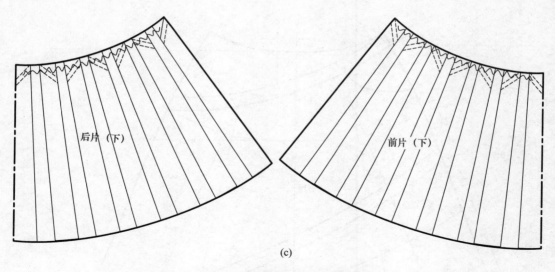

(c)

图5-15 中腰细褶分割式斜裙裙片分解

表5-6 无腰花边细褶斜分割式斜裙的设定规格表

单位：cm

号型	160/68A			
部位	裙长	腰围	臀围	腰宽
规格	62	70	94+C+D	0

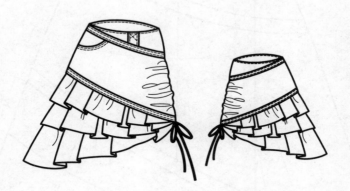

图5-16 无腰花边细褶斜分割式斜裙

2. 结构分解

无腰花边细褶斜分割式斜裙采用斜裙基型A［图5-11（a）］，具体结构分解如图5-17所示。

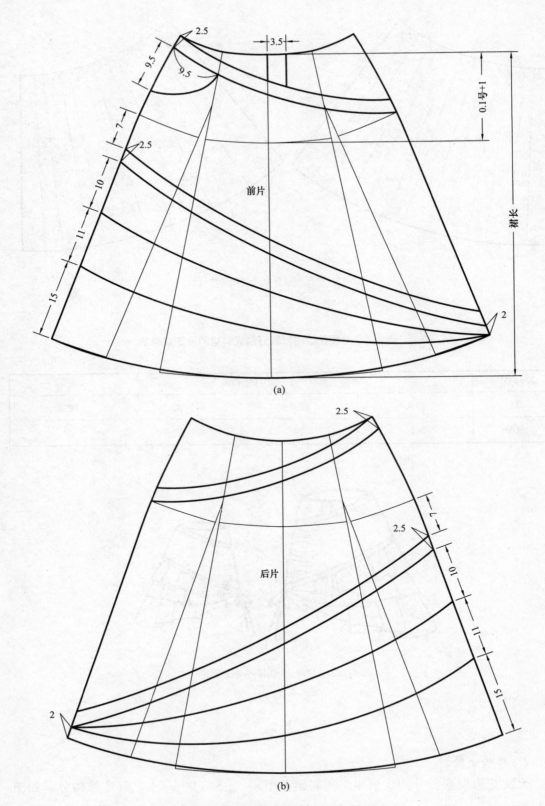

图5-17 无腰花边细褶斜分割式斜裙结构分解

3. 裙片分解

无腰花边细褶斜分割式斜裙的裙片分解如图5-18所示。

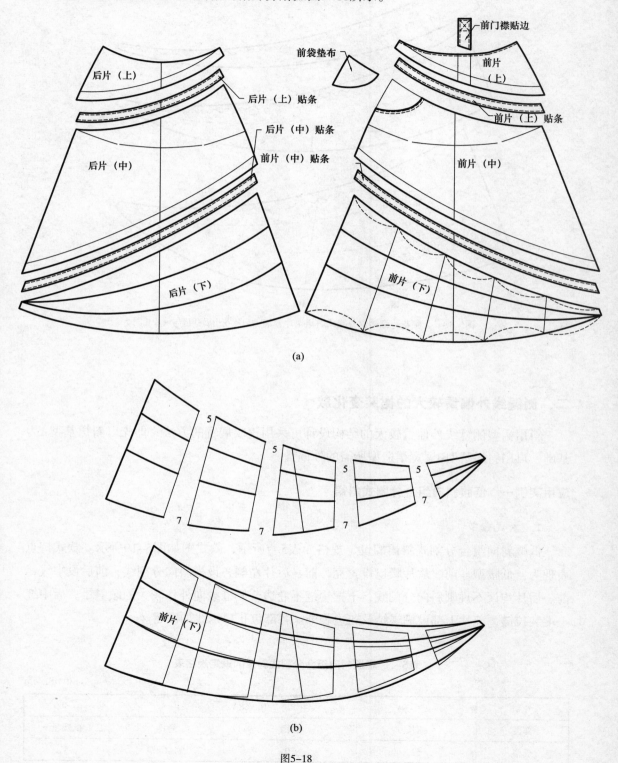

(a)

(b)

图5-18

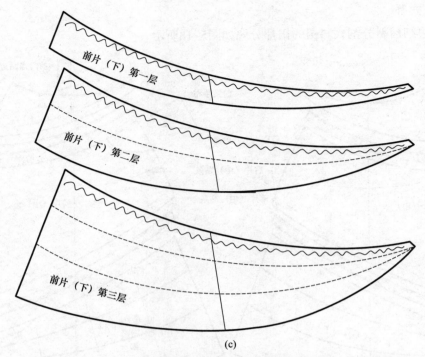

图5-18　无腰花边细褶斜分割式斜裙裙片分解（后片花边展开量与前片相同）

二、侧缝线外偏量较大的裙装变化款

斜裙裙型侧缝线外偏量较大的结构设计可采用逐次展宽的方法，即先以斜裙基型A为基础，再用斜裙基型B展宽裙造型所需的外偏量。

应用实例一　低腰斜向组合分割式斜裙

1. 款式细节

低腰斜向组合分割式斜裙的设定规格如表5-7所示，款式图如图5-19所示。款式特点表现为：低腰型，前、后片腰口设育克，前、后片左侧各设横斜向分割线，前后设中线，前、后片均设不规则斜向分割线，下摆锁缝不卷边，侧缝线向外作较大的倾斜量，后中缝上端装拉链，前片上部设蝴蝶结及花边装饰。各部位止口缉线如图示。

表5-7　低腰斜向组合分割式斜裙的设定规格表

单位：cm

号型	160/68A			
部位	裙长	腰围	臀围	低腰量
规格	52	70	94+*C*+*D*	3

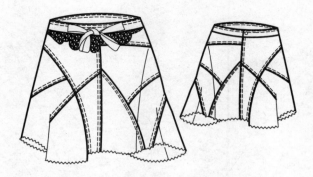

图5-19 低腰斜向组合分割式斜裙

2. 结构分解

低腰斜向组合分割式斜裙的结构分解如图5-20所示。

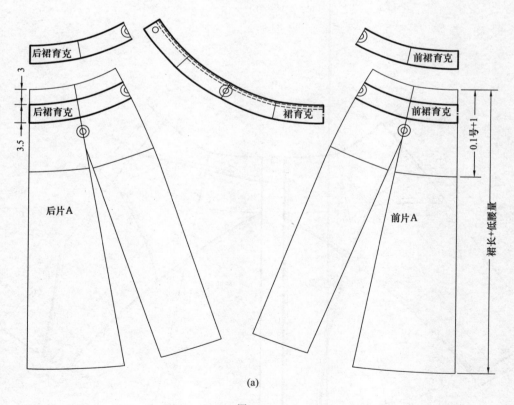

(a)

图5-20

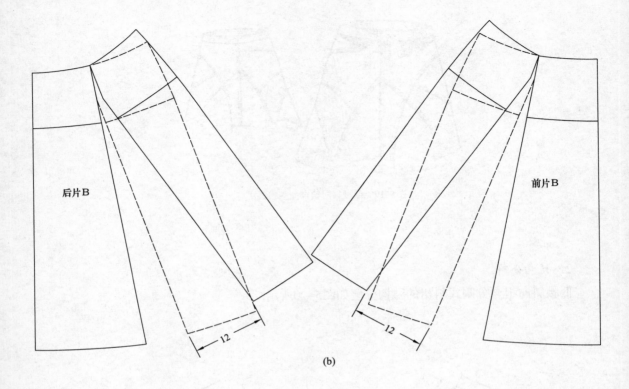

(b)

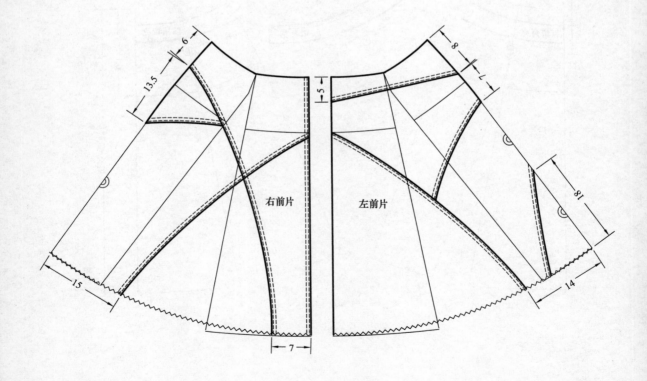

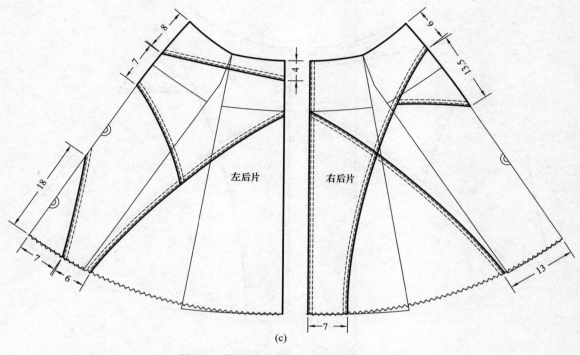

图5-20　低腰斜向组合分割式斜裙结构分解

3. 裙片分解

低腰斜向组合分割式斜裙的裙片分解如图5-21所示。

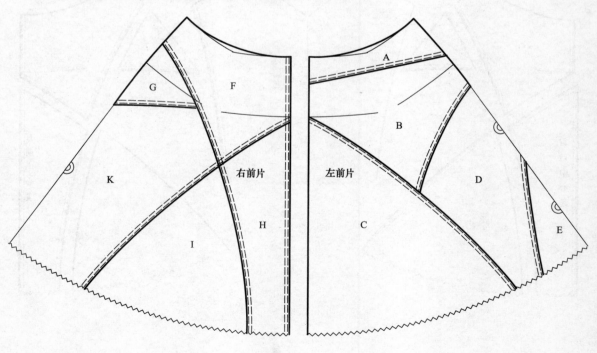

图5-21

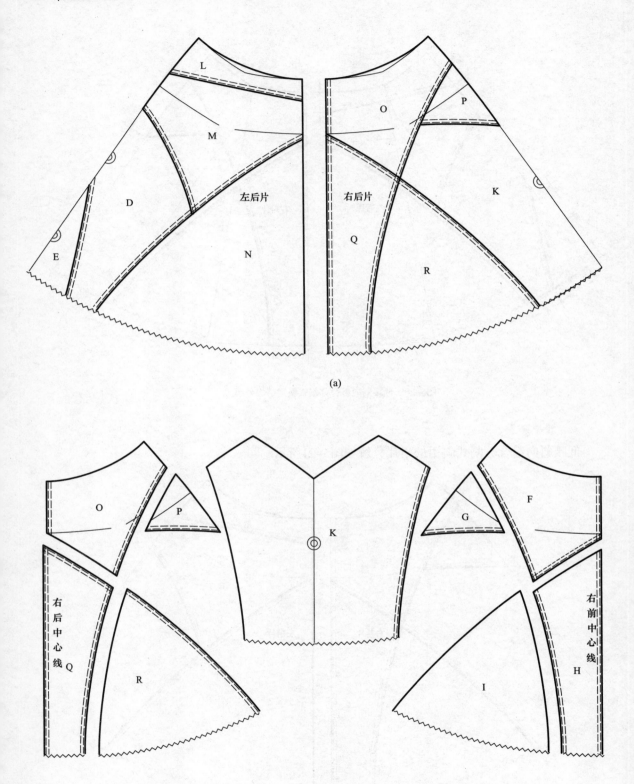

(a)

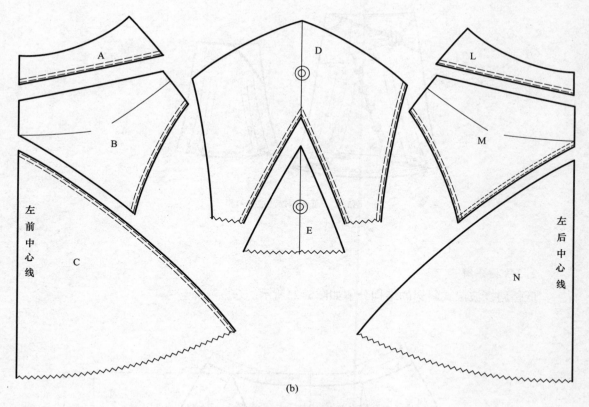

图5-21　低腰斜向组合分割式斜裙裙片分解

应用实例二　低腰斜襟波浪式斜裙

1. 款式细节

低腰斜襟波浪式斜裙的设定规格如表5-8所示，款式图如图5-22所示。款式特点表现为：低腰型，前片开斜襟，环扣4个，上部设装饰布，造型如图示，左侧设月牙形前贴袋，后片上部设"人"字形分割线。前、后片下摆呈波浪状，右侧缝上端装拉链。各部位止口缉线如图示。

表5-8　低腰斜襟波浪式斜裙的设定规格表

单位：cm

号型	160/68A			
部位	裙长	腰围	臀围	低腰量
规格	58	70	94+C+D	2

图5-22 低腰斜襟波浪式斜裙

2. 结构分解

低腰斜襟波浪式斜裙的结构分解如图5-23所示。

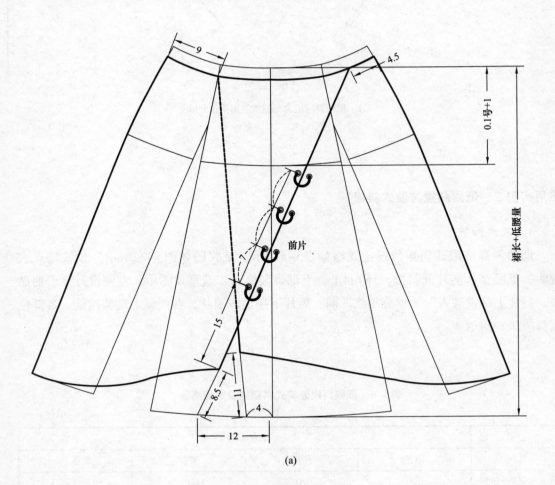

(a)

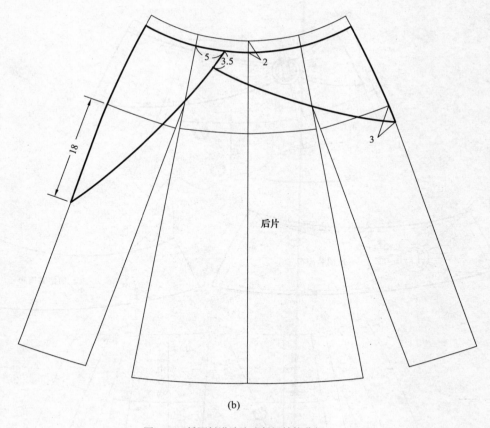

(b)

图5-23 低腰斜襟波浪式斜裙结构分解

3. 裙片分解

低腰斜襟波浪式斜裙的裙片分解如图5-24所示。

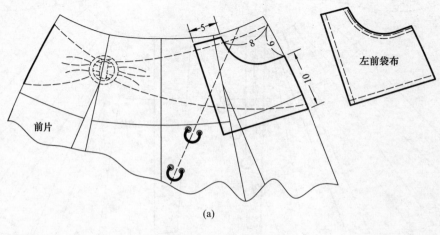

(a)

图5-24

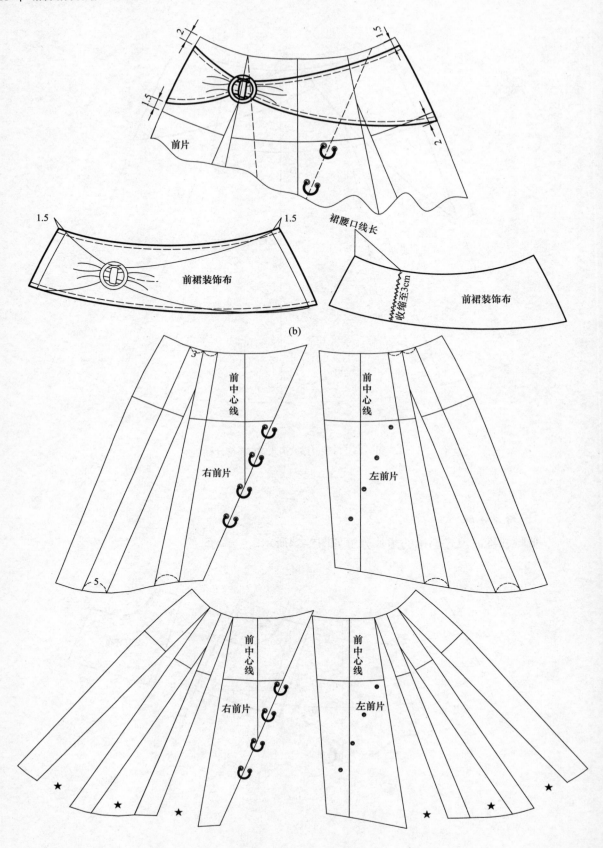

前片

1.5 前裙装饰布 1.5

裙腰口线长

收缩至3cm 前裙装饰布

(b)

前中心线

右前片

前中心线

左前片

前中心线

右前片

前中心线

左前片

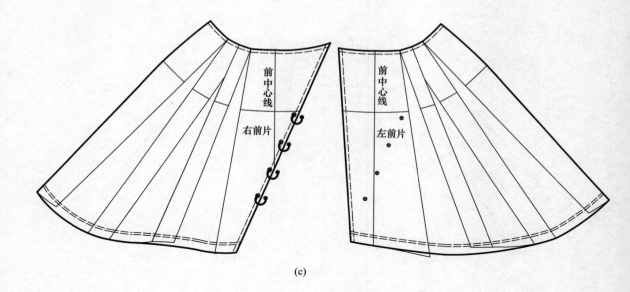

(c)

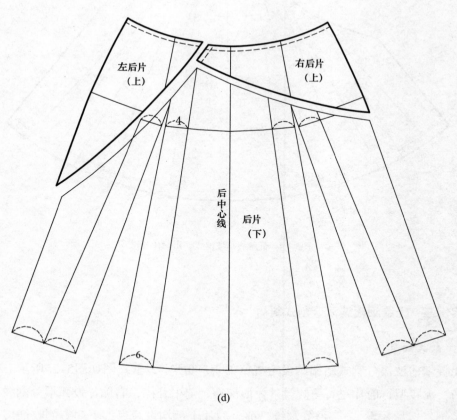

(d)

图5-24

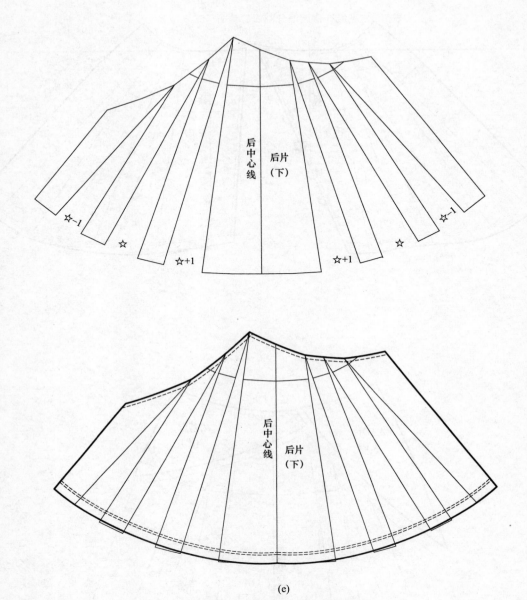

(e)

图5-24 低腰斜襟波浪式斜裙裙片分解

应用实例三 无腰细褶波浪分割式斜裙

1. 款式细节

无腰细褶波浪分割式斜裙的设定规格如表5-9所示，款式图如图5-25所示。款式特点表现为：无腰型，前片左右两侧设月牙形前袋，前中开襟，右侧片设弧形分割线，左侧设两条装饰带，后片设"S"形分割线，前、后片上部均设育克，下摆右侧收细褶，左侧呈波浪状。各部位止口缉线如图示。

表5-9　无腰细褶波浪分割式斜裙的设定规格表

单位：cm

号型	160/68A			
部位	裙长	腰围	臀围	腰宽
规格	64	70	94+C+D	0

图5-25　无腰细褶波浪分割式斜裙

2.　结构分解

无腰细褶波浪分割式斜裙的结构分解如图5-26所示。

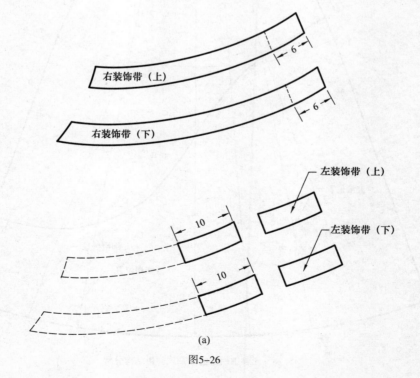

(a)

图5-26

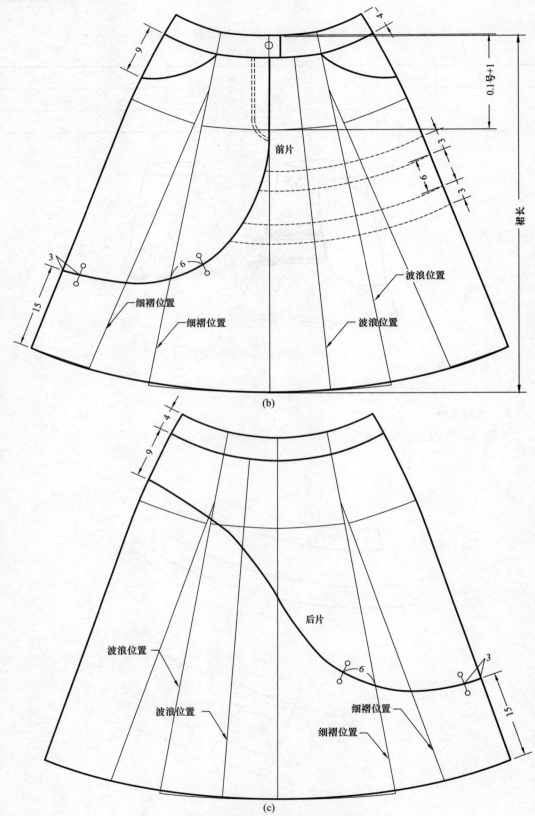

前片

波浪位置

波浪位置

细褶位置

细褶位置

裙长

(b)

后片

波浪位置

波浪位置

细褶位置

细褶位置

(c)

图5-26　无腰细褶波浪分割式斜裙结构分解

3. 裙片分解

无腰细褶波浪分割式斜裙的裙片分解如图5-27所示。

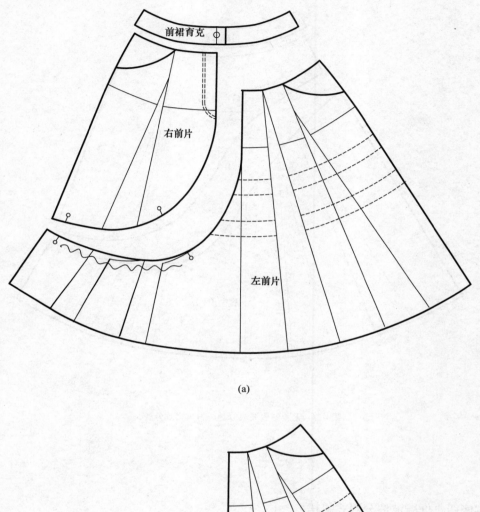

(a)

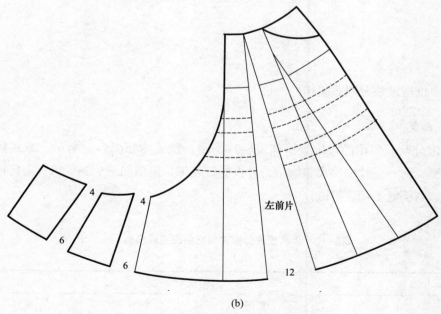

(b)

图5-27

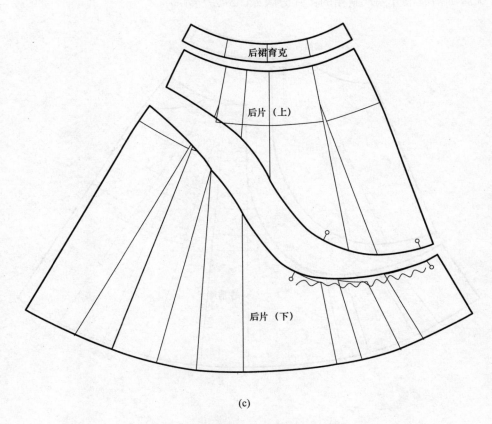

(c)

图5-27　无腰细褶波浪分割式斜裙裙片分解

应用实例四　低腰波浪分割式斜裙

1. 款式细节

低腰波浪分割式斜裙的设定规格如表5-10所示，款式图如图5-28所示。款式特点表现为：低腰型，前、后片中部设装饰带，并设铆钉装饰，造型如图5-28所示，前后裙片下摆呈波浪状，右侧缝上端装拉链。

表5-10　低腰波浪分割式斜裙的设定规格表

单位：cm

号型	160/68A			
部位	裙长	腰围	臀围	腰宽
规格	64	70	$94+C+D$	0

图5-28 低腰波浪分割式斜裙

2. 结构分解

低腰波浪分割式斜裙的结构分解如图5-29所示。

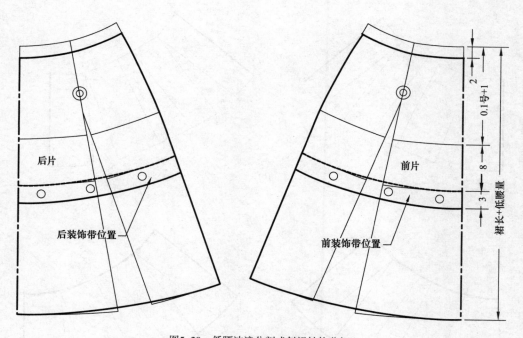

图5-29 低腰波浪分割式斜裙结构分解

3. 裙片分解

低腰波浪分割式斜裙的裙片分解如图5-30所示。

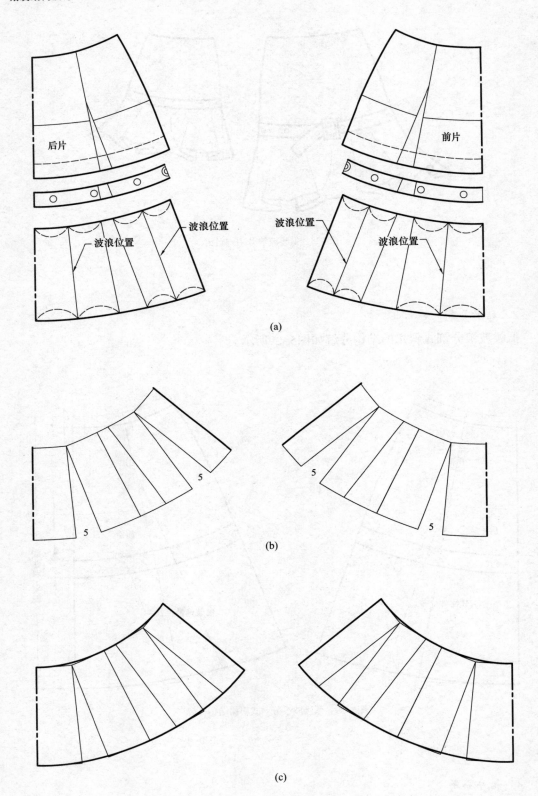

后片

前片

波浪位置

波浪位置

波浪位置

波浪位置

波浪位置

(a)

5

5

5

5

(b)

(c)

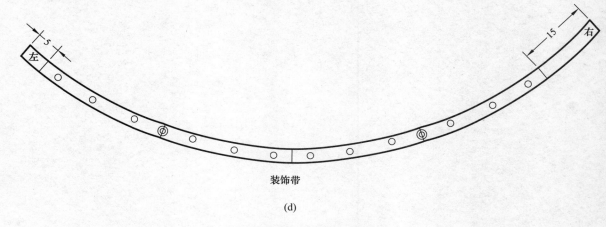

装饰带

(d)

图5-30 低腰波浪分割式斜裙裙片分解

本章小结

■ 斜裙基型是按A字裙的基础图形，变化其侧缝线的斜率而形成的。其主要表现形式体现在侧缝线斜率的控制上，侧缝线斜率越大，裙摆的波浪也就越大。

■ 斜裙侧缝线外偏量的范围：侧缝线外偏量的范围是在A字裙基型C的基础上，将剩余的腰省以省尖点为旋转点，闭合腰省量，得到斜裙基型A；侧缝线外偏量的范围是在斜裙基型A的基础上，将腰口线的中点作为旋转点，根据裙装造型要求旋转一定的量，得到斜裙基型B。

■ 影响侧缝线外偏量的相关因素：侧缝线外偏量的大小受裙长变化因素的影响，表现为裙长偏短时外偏量较小、裙长偏长时外偏量较大。因侧缝线的外偏量与裙装的造型要求密切相关，因此可按造型设计侧缝线的外偏量。

■ 腰口弧线长度的调整：由于斜裙的腰口是斜丝易伸展，而缝纫时又因造型需要（波浪均匀适度）要略伸开，因此制图时应在侧缝处撇去一定的量，量的大小应视面料质地性能而定。

■ 斜裙结构设计的方法是先根据款式的造型，确定相应的基型，然后再进行款式变化。

■ 斜裙臀围的放松量是在A字裙臀围放松量的基础上，闭合腰省来调整侧缝线斜率，得到基型A；根据基型A，再以腰口中点旋转所需的量来加大侧缝线的斜率，得到基型B。其臀围放松量以"D"表示。臀围放松量与侧缝线斜率密切相关。

■ 斜裙可采用以特殊角度计算腰口弧线的结构设计方法。

思考题

1. 简述斜裙的基本特点。

2. 简述斜裙的类型。

3. 斜裙的侧缝线外偏量应如何控制？

4. 简述斜裙展宽量的确定方法。

裙装综合结构设计

课题内容： 综合型裙装

斜裁法裙装

课题时间： 12课时

教学目的： 通过本章的学习，了解并掌握综合型裙装的结构设计方法，了解斜裁法构成的基本原理及重要元素，理解斜裁法结构设计的方法，并能应用斜裁法进行裙装变化款的制作。

教学方式： 应用PPT课件、板书与教师讲授同步进行。

教学要求： 1. 了解并掌握综合型裙装的结构设计。

2. 了解斜裁法构成的基本原理及重要元素。

3. 理解斜裁法结构设计的方法。

4. 掌握斜裁法制作裙装的变化款式。

第六章　裙装综合结构设计

裙装综合结构设计，指裙装款式中采用两种以上的基型综合处理、某些部位的位置和数量的特殊处理以及采用非常规结构设计方法处理裙装的款式变化等。

第一节　综合型裙装

裙装中的有些款式由于上下部分的造型不同，需要采用两种或两种以上的基型，如直裙基型+A字裙基型、A字裙基型+斜裙基型的综合处理等。有些款式需要调整某些部位的配置，如裙腰省前后腰口配置不同数量的腰省等。

一、A字裙基型C+斜裙基型A的波浪式裙装

此款裙装腰部为装腰式高腰型，由于合体性的需要，应采用A字裙基型C来进行腰部的结构设计，而裙片部分为侧缝外展型，并有波浪造型，应采用斜裙基型来扩展裙摆。

应用实例　高腰褶裥波浪分割式裙装

1. 款式细节

高腰褶裥波浪分割式裙装的设定规格如表6-1所示，款式图如图6-1所示。款式特点表现为：装腰式高腰型，前、后片设2条方向相反的斜向分割线，造型如图示，分割线之间用其他布料镶拼，前片右侧设前斜袋，袋口装贴边，前、后片下部各设2个褶裥，褶裥量上小下大，前后片下摆呈波浪状，右侧缝下部抽细褶，下摆呈左低右高的造型，左侧缝上端装拉链。各部位止口缉线如图示。

表6-1　高腰褶裥波浪分割式裙装的设定规格表

单位：cm

号型	160/68A			
部位	裙长	腰围	臀围	腰宽
规格	64	70	94+C+D	8

2. 结构分解

高腰褶裥波浪分割式裙装的结构分解如图6-2所示。

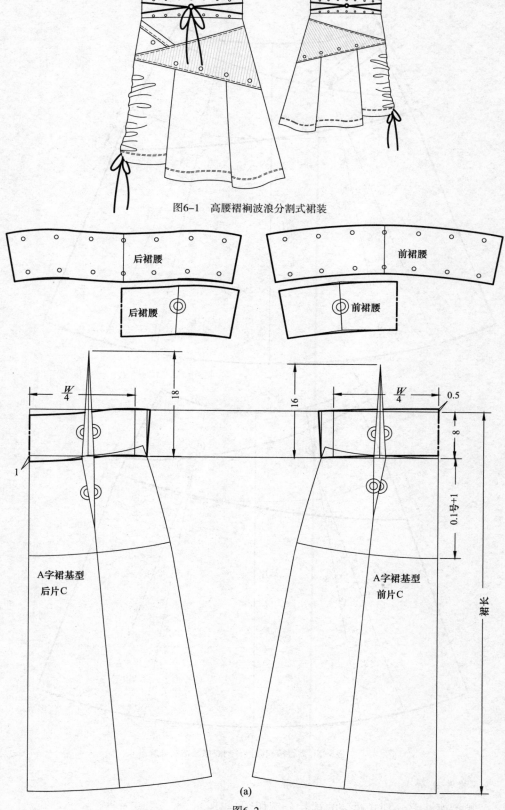

图6-1　高腰褶裥波浪分割式裙装

图6-2

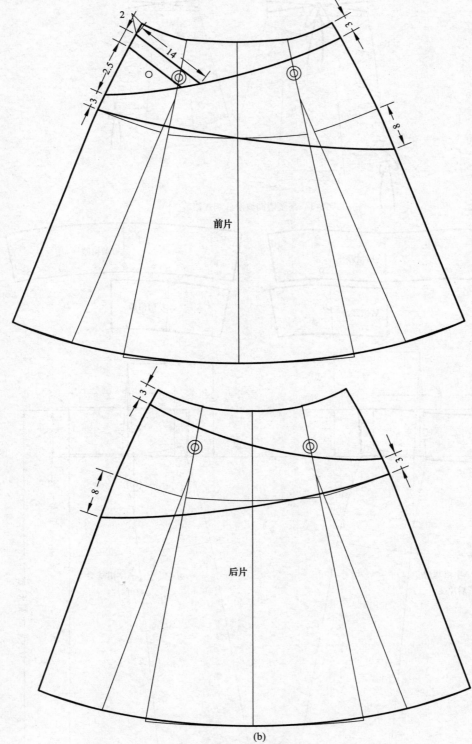

图6-2　高腰褶裥波浪分割式裙装结构分解

3. 裙片分解

高腰褶裥波浪分割式裙装的裙片分解如图6-3所示。

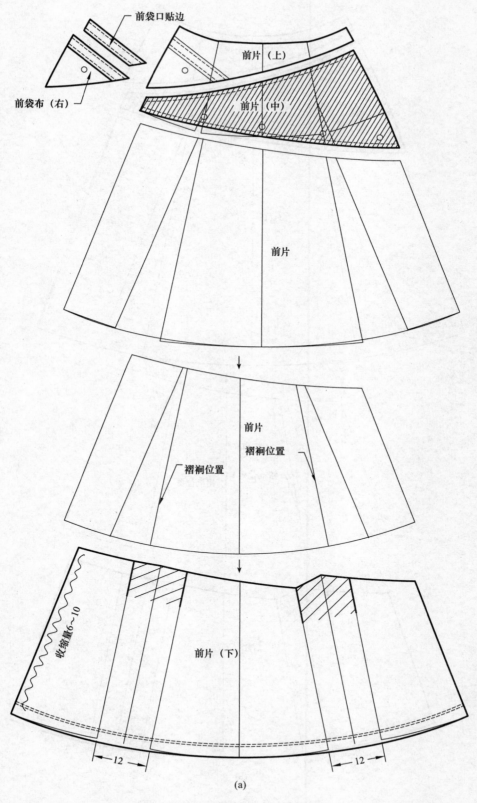

前袋口贴边

前袋布（右）

前片（上）

前片（中）

前片

前片

褶裥位置

褶裥位置

收缩量6~10

前片（下）

12

12

(a)

图6-3

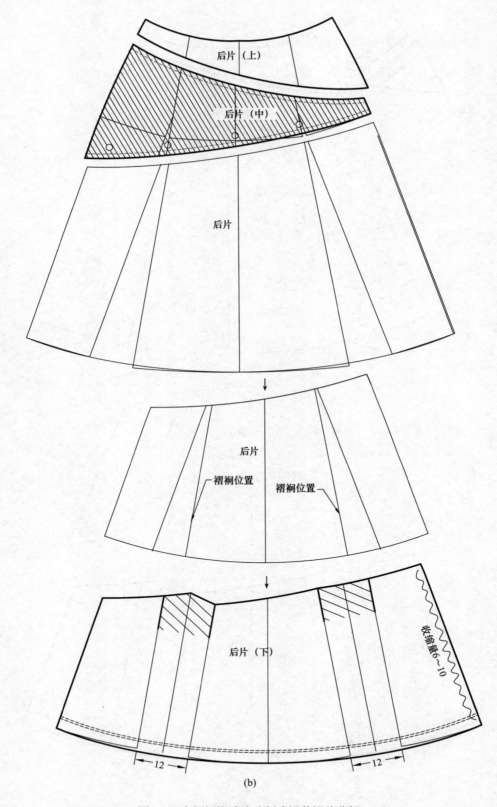

图6-3 高腰褶裥波浪分割式裙装裙片分解

二、A字裙基型C+斜裙基型A的灯笼式裙装

此款裙装腰部为低腰型，由于合体性的需要，应采用A字裙基型C来进行腰部育克的结构设计，而裙片部分为灯笼式，需要侧缝先外展，然后再以下摆边收缩呈灯笼状，应采用斜裙基型来扩展裙摆。

应用实例　低腰细褶灯笼式裙装

1. 款式细节

低腰细褶灯笼式裙装的设定规格如表6-2所示，款式图如图6-4所示。款式特点表现为：低腰型，前片设中线，前中开襟，左右各设1个前袋，前袋造型为抽褶型，袋口橡筋收缩形成细褶，后片腰口收省2个，前、后片下摆展宽后收缩呈灯笼状，左侧缝上端装拉链。各部位止口缉线如图示。

表6-2　低腰细褶灯笼式裙装的设定规格表

单位：cm

号型	160/68A			
部位	裙长	腰围	臀围	低腰量
规格	70	70	94+C+D	2

图6-4　低腰细褶灯笼式裙装

2. 结构分解

低腰细褶灯笼式裙装的结构分解如图6-5所示。

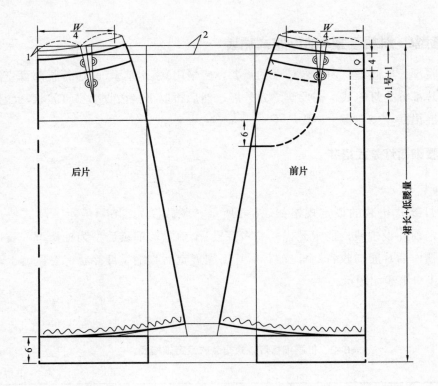

(a)

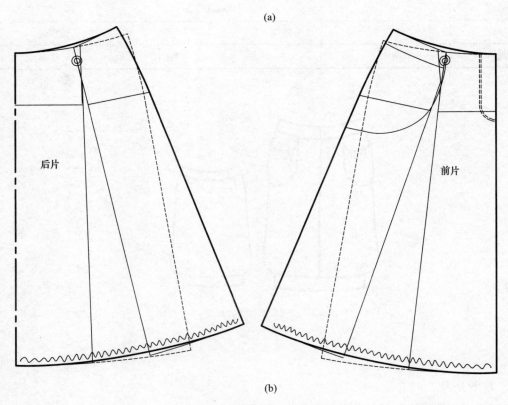

(b)

图6-5 低腰细褶灯笼式裙装结构分解

3. 裙片分解

低腰细褶灯笼式裙装的裙片分解如图6-6所示。

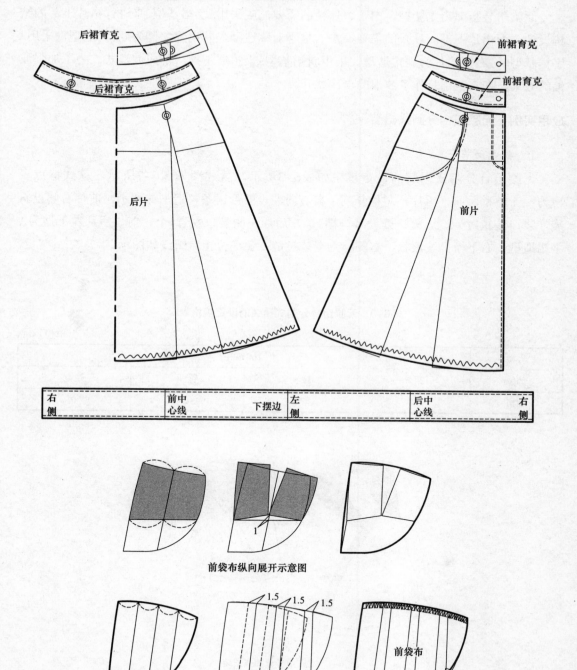

图6-6 低腰细褶灯笼式裙装裙片分解

三、A字裙基型C+斜裙基型A的左右不对称分割式裙装

此款裙装腰部为无腰型，由于合体性的需要，应采用A字裙基型C来进行裙片上部的结构设计，而裙片下部因款式的需要，左右呈不对称造型，其裙片左侧为A字裙造型，采用A字裙基型C，右侧裙片为斜裙造型，采用斜裙基型A来扩展下摆，形成波浪式。为了加强波浪的效果，在右侧裙片作了波浪的再次展开。

应用实例　无腰组合分割式裙装

1. 款式细节

无腰组合分割式裙装的设定规格如表6-3所示，款式图如图6-7所示。款式特点表现为：无腰型，前、后片不对称分割，自右向左设弧形镶条，造型如图示，前片右侧设斜袋（袋口装拉链），近腰口处设装饰襻2个，后片左侧腰口收省1个，前、后片左下摆为A字裙造型，右下摆呈波浪状，右侧缝上端装拉链。各部位止口缉线如图示。

表6-3　无腰组合分割式裙装的设定规格表

单位：cm

号型	160/68A			
部位	裙长	腰围	臀围	腰宽
规格	68	70	94+C+D	0

图6-7　无腰组合分割式裙装

2. 结构分解

无腰组合分割式裙装的结构分解如图6-8所示。

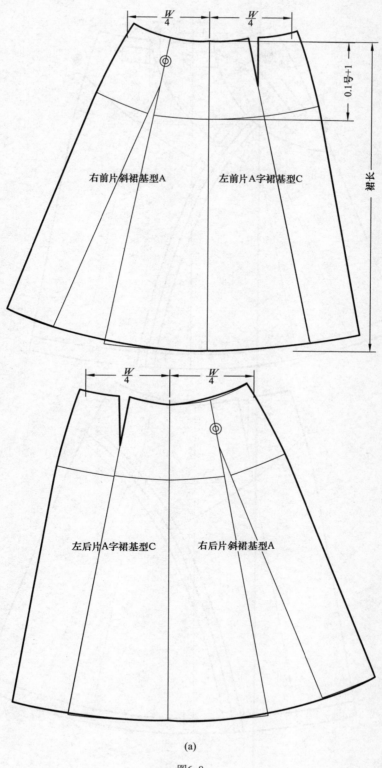

(a)

图6-8

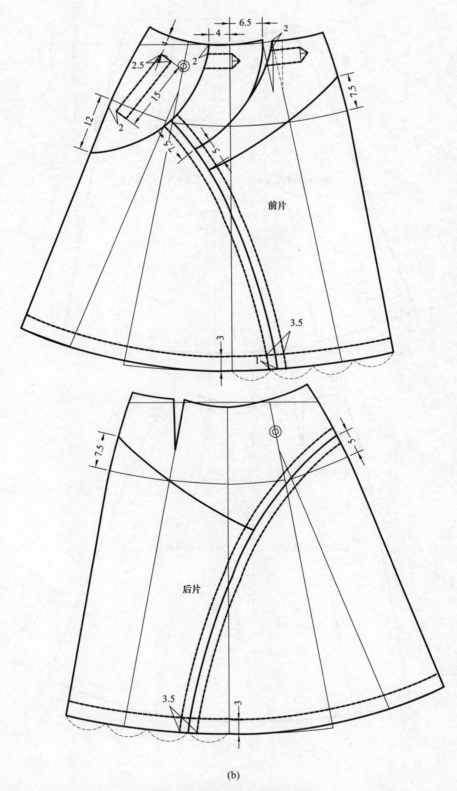

前片

后片

(b)

图6-8 无腰组合分割式裙装结构分解

3. 裙片分解

无腰组合分割式裙装的裙片分解如图6-9所示。

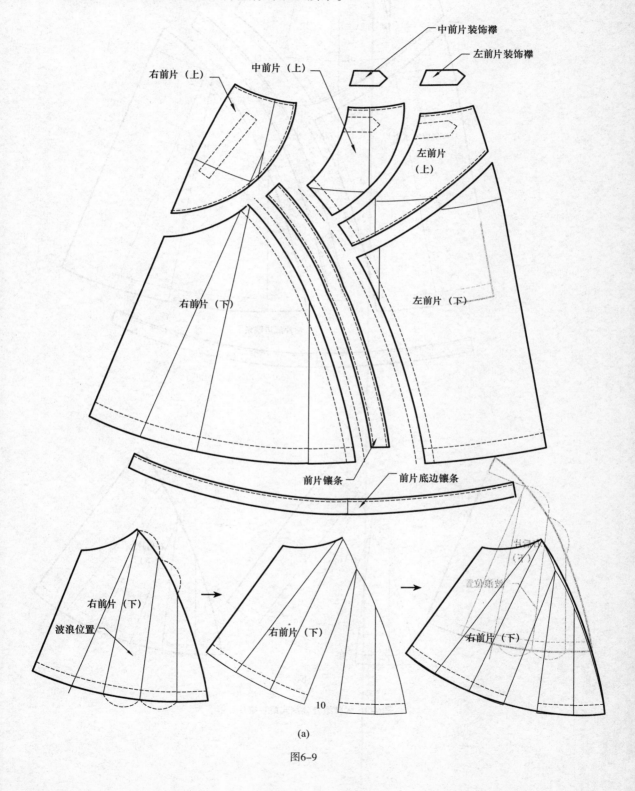

(a)

图6-9

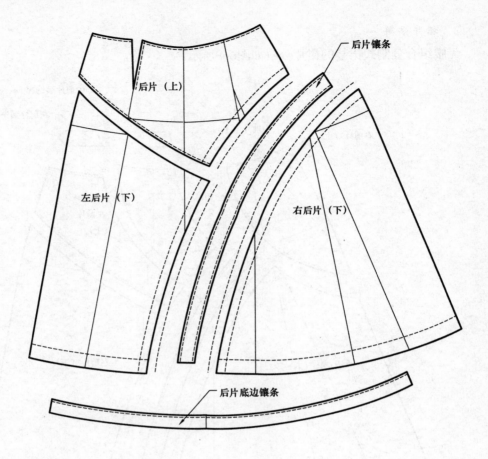

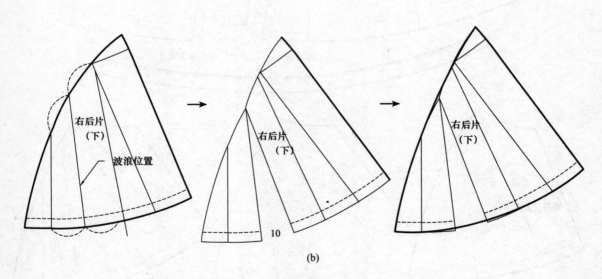

(b)

图6-9 无腰组合分割式裙装裙片分解

四、特殊处理裙腰省的A字裙

此款裙装的款式要求前片有2个省、后片有4个省。因此，在裙装结构设计中需要作前、后片腰省的个数及省量的不等量配置，具有一定的特殊性。同时，此款裙装在褶裥的处理上也采用了两种不同的结构处理方法。

应用实例 无腰分割省式A字裙

1. 款式细节

无腰分割省式A字裙的设定规格如表6-4所示，款式图如图6-10所示。款式特点表现为：无腰型，前、后片均设育克，前片左侧设弧形分割线，右侧设腰省，腰省下设贴袋（装袋盖），后片腰口收省4个，右侧缝上端装拉链，侧缝线向外作较小的倾斜量。各部位止口缉线如图示。

表6-4 无腰分割省式A字裙的设定规格表

单位：cm

号型	160/68A			
部位	裙长	腰围	臀围	腰宽
规格	78	70	94+C	0

图6-10 无腰分割省式A字裙

2. 结构分解

无腰分割省式A字裙的结构分解如图6-11所示。

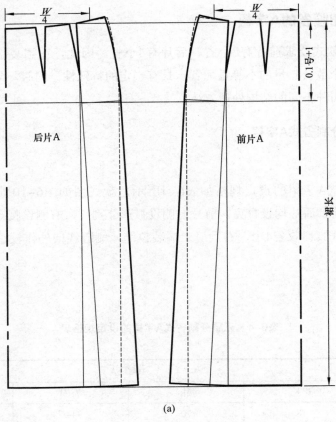

(a)

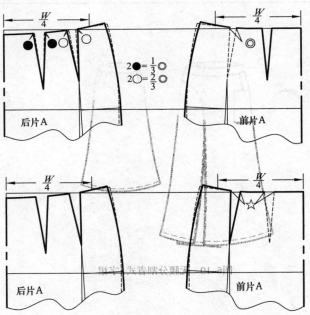

(b)

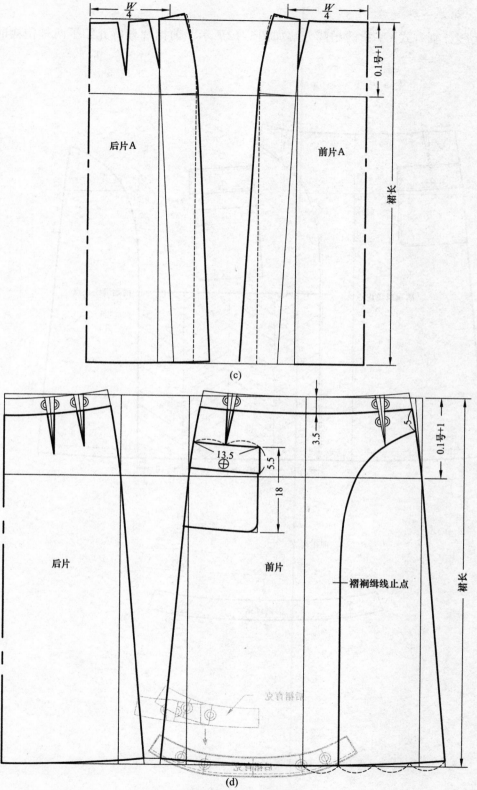

图6-11 无腰分割省式A字裙结构分解

3. 裙片分解

无腰分割省式A字裙的裙片分解如图6-12所示。前裙片分解介绍了两种褶裥的处理方法。

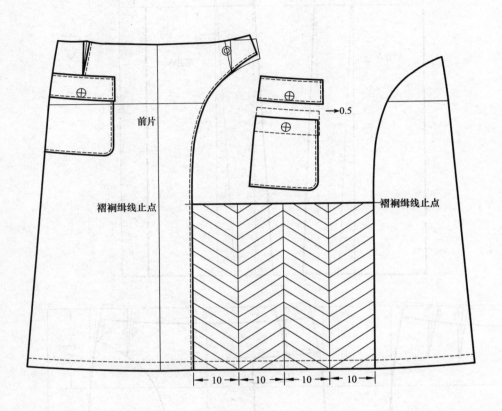

前片

褶裥缉线止点

褶裥缉线止点

→0.5

前裙育克

前裙育克

后裙育克

后裙育克

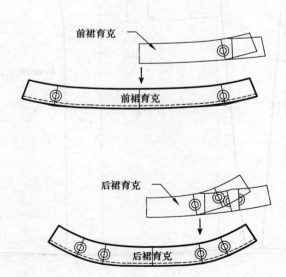

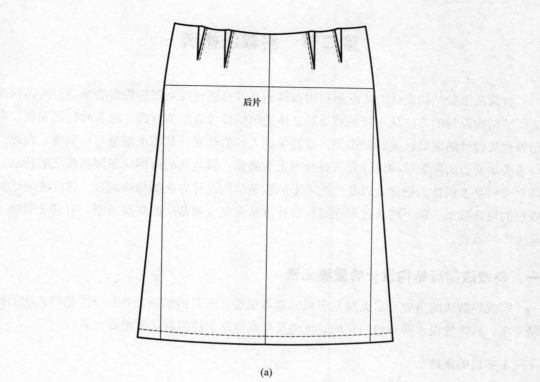

(a)

后片

前片

褶裥缉线止点　　　　褶裥缉线止点

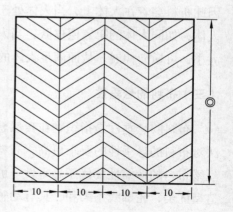

|← 10 →|← 10 →|← 10 →|← 10 →|

(b)

图6-12　无腰分割省式A字裙裙片分解

第二节　斜裁法裙装

斜裁法服装结构设计的特点是利用布料的基本自然属性来塑造服装的造型，因而斜裁法服装结构设计的方法从一开始就是以立体的结构设计方法为首选。随着时代的发展，采用斜裁法设计的服装，尤其是裙装，日益受到人们的欢迎，其需求量也与日俱增。因此，寻求简单易行的服装结构设计方法就显得尤为必要。斜裁法的运用应掌握斜裁法的特点，即对布料基本属性的把握，以及由此带来的服装结构设计方法的相应配合，这样才能达到理想的设计效果。以下将通过平面结构设计方法来完成斜裁法的裙装造型，有利于服装工业生产的需要。

一、斜裁法裙装结构设计的重要元素

形成斜裁法的重要元素无疑是布料的基本属性，布料的肌理及自然弹性是斜裁法的精髓所在。具体地说，即布料的质地、丝缕及悬垂性是支撑斜裁法的重要元素。

（一）布料的质地

布料的质地是指布料的软硬、厚薄、黏滑、松紧等，不同质地的布料可以表现出斜裁法的不同设计感，如厚的布料可以表现重量感、体积感；薄的布料可以表现轻盈感、飘逸感。还可以通过布料的二次设计来改变其质地，如通过布料堆积形成褶皱等。

（二）布料的丝缕

布料的丝缕是指服装所选用的布料因取向不同而形成的经向、纬向及斜向。斜裁法与一般裁剪法的不同之处在于选用布料的斜丝缕为裁片的取向，斜丝缕的特点是伸缩性大，因此布料穿着在人体上，当人体处于静态站立状态时，斜丝缕向下伸长，布料紧紧贴附于人体，如同人体的第二层皮肤；当人体处于动态活动状态时，斜丝缕随着人体活动幅度的大小，可横向伸展，从而满足人体的活动需要。

（三）布料的悬垂性

布料的悬垂性是指织物在自然悬垂状态下，因自重而下垂的性能。斜裁法比一般裁剪法对布料的悬垂性的要求更高，布料的悬垂性直接影响斜裁法的造型效果。悬垂性好的斜丝缕布料的伸缩性要优于悬垂性一般的斜丝缕布料，因而能获得飘逸的波浪效果，且波浪造型优美，轮廓线条柔和，具有动感。

二、斜裁法裙装结构设计的方法

斜裁法裙装结构设计的方法可分为立体构成与平面构成。其具体方法及特点如下。

（一）立体结构设计方法

立体结构设计方法是用面料特性相近的布样，直接披挂在人体模型上裁剪、缠绕、打褶，做出服装雏形后，再用服装布料正式制作。立体结构设计方法适用于造型极富立体感，很难将其直接展开为平面图形或不规则的皱褶、波浪等款式；适用于材质轻薄、柔软、滑爽，固定性能较差，但悬垂性较好的布料。

（二）平面结构设计方法

平面结构设计方法是在纸样上按照既有的公式数据直接绘制平面结构图，经过技术处理后形成服装纸样，裁剪并制作。平面结构设计方法适用于造型相对简单、经过试制后积累了一定经验的成熟或较成熟的款式。但由于材质的变化，需用立体结构设计的方法验证，进行纸样的细节调整。

立体结构设计方法是斜裁技术较为理想的结构构成方法，立体结构设计方法的优势在于其直观性、灵活性。值得一提的是，立体结构设计的款式也需经过平面结构设计修正形成服装纸样。而平面结构设计方法的快捷性、实用性对于一些成熟款式而言是提高制作效率的一个有效方式，可以广泛应用于服装工业生产中，满足大众对斜裁法服装的需求，因而平面结构设计方法也是斜裁技术中不可缺少的一种结构构成方法。

三、斜裁法裙装结构设计方法的运用

斜裁法在结构设计方法中最初是以立体结构设计方法为基础的，近年来斜裁法越来越受到大众的喜爱，其需求量也越来越大，考虑到服装工业生产的需要，快捷化、高效率成为当务之急，因此以下选用平面结构设计方法对较为成熟的一般款式进行结构设计。

斜裁法较多地应用于女性的服装，包括裙装、裤装及上装。其中，尤以裙装的应用最为广泛。下面就以裙装（四片裙）为例，具体说明斜裁法在裙装结构设计中的运用。

（一）款式细节

斜裁法四片式裙装的设定规格如表6-5所示，款式图如图6-13所示。款式特点表现为：无腰型，裙身为四片斜分割，与一般的四片式裙型不同的是侧缝无分割线，如图示斜向分割裙片，并使裙片呈螺旋式旋转围绕人体从而构成裙装的造型，裙身腰部至臀部紧贴人体，下摆有一定量的圆弧波浪，裙下部展宽呈鱼尾状，后裙片腰口斜向分割线上端设置隐形拉链。

表6-5 斜裁法四片式裙装的设定规格表

单位：cm

号型	160/68A			
部位	裙长	腰围	臀围	腰宽
规格	73	68	90	0

注 基于斜丝缕的特性，腰围与臀围均无须加放松量。

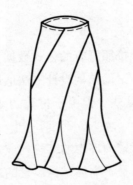

图6-13 斜裁法四片式裙装

（二）斜裁法四片式裙装基型构成

裙基型应包括腰围、臀围、臀高、裙长。裙片基型宽度：以裙片款式的片数（设片数=X）为基础，取裙臀围的 $\frac{1}{X}$。此例中，因裙片数为4，则取裙臀围的 $\frac{1}{4}$ 作为基型裙片的宽度。由于斜裁法的腰围位置布料为斜丝缕，裙腰围规格会伸长而变大，因此应视布料的质地性能及裙腰围规格的大小作一定量的缩减。此裙片腰围的缩减量为4cm（图6-14）。

（三）斜裁法四片式裙装结构构成

1. 斜裁法四片式裙装斜向基础线构成

斜向线基点如图6-15所示，斜向线斜率为45°（斜裁法的最佳选用角度）。斜向线的结构设计方法为裙片螺旋式分割的款式提供了一步到位的结构构成方法。具体构成方法：在斜裁法四片式裙装基型的基础上，绘制两条斜向基础线，基础线的角度为45°（图6-15）。

2. 斜裁法四片式裙装腰口线构成

（1）调整侧线（臀高线以上）：连接*AB*、*A′B′*（图6-16）。

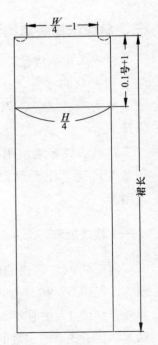

图6-14 斜裁法四片式裙装基型构成

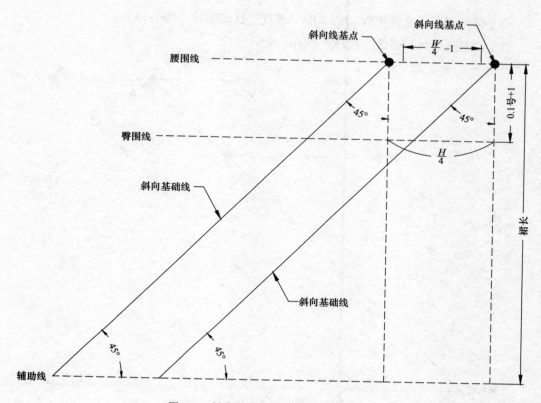

图6-15 斜裁法四片式裙装斜向基础线构成

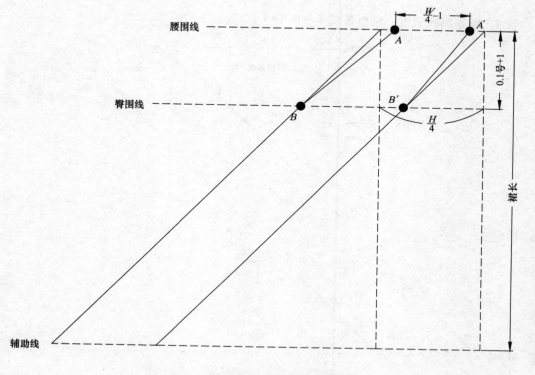

图6-16 斜裁法四片式裙装腰口线构成①

（2）调整侧线长度：使*BC=BD*、*B'C'=B'D'*，且均等长（图6-17）。

（3）调整腰口线：弧线连接*DC'*（图6-17）。

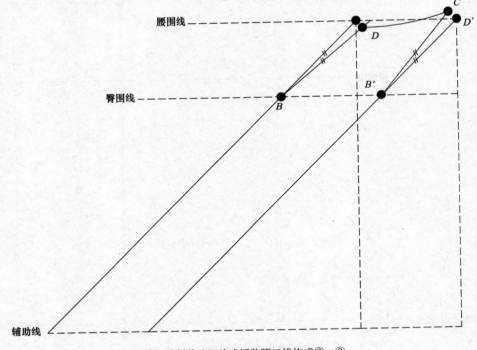

图6-17　斜裁法四片式裙装腰口线构成②、③

（4）调整侧线弧度：调整弧线（图6-18）。

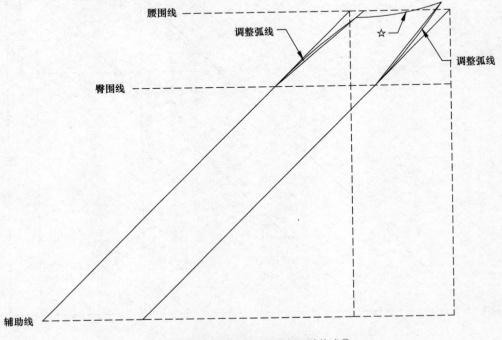

图6-18　斜裁法四片式裙装腰口线构成④

3. 斜裁法四片式裙装腰省构成

斜裁法四片式裙装的腰省构成步骤如图6-19、图6-20所示。

（1）省位：取腰口线的中点，作腰围线的垂线相交于侧线。

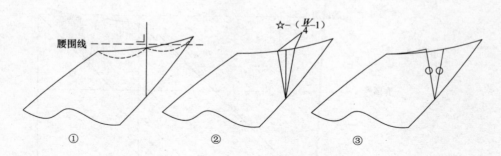

图6-19　斜裁法四片式裙装腰省构成步骤

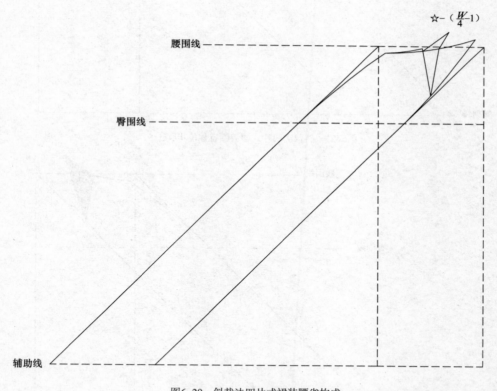

图6-20　斜裁法四片式裙装腰省构成

（2）省量：取腰口弧线（☆）–（$\frac{W}{4}$–1cm）=省量。

（3）省线：调整省线两边长度相等，并相应调整腰口线。

4. 斜裁法四片式裙装腰省移位

（1）腰省移位部分：图中阴影部分为裙腰省移位部分（图6–21）。

（2）腰省闭合：移动图中阴影部分将裙腰省闭合（图6–22）。

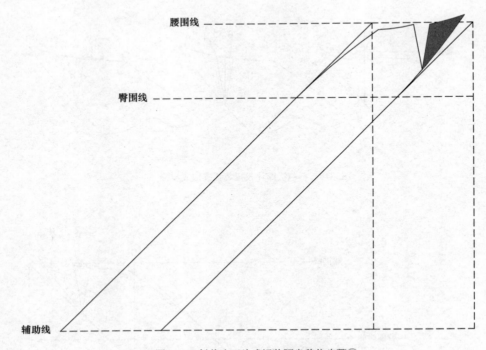

腰围线

臀围线

辅助线

图6-21　斜裁法四片式裙装腰省移位步骤①

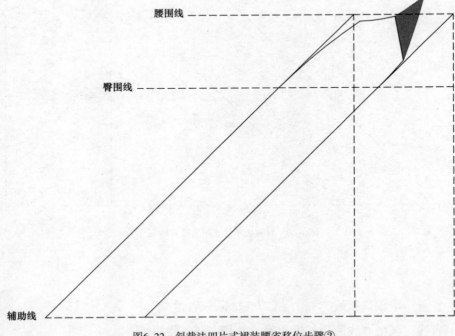

腰围线

臀围线

辅助线

图6-22　斜裁法四片式裙装腰省移位步骤②

5. 斜裁法四片式裙装（基本裙片）结构图构成

斜裁法四片式裙装的基本裙片结构图构成如图6-23所示。

（1）调整腰口弧线。

（2）调整侧弧线。

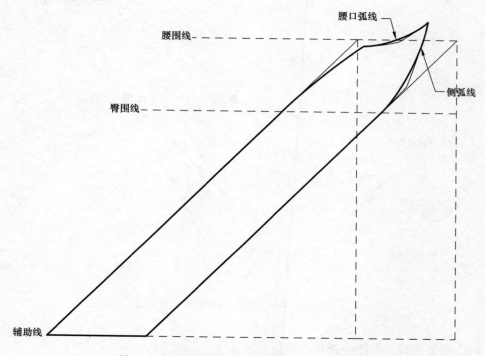

图6-23　斜裁法四片式裙装（基本裙片）结构图构成

6. 裙长、侧线及下摆构成

（1）裙长：按裙长规格确定裙长线（图6-24）。

（2）下摆展宽高度：下摆展宽高度为臀围线以下15cm（图6-24）。

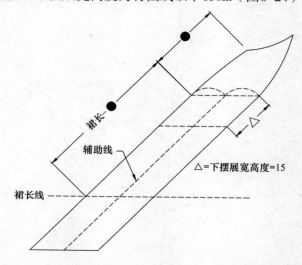

图6-24　斜裁法四片式裙装裙长、下摆展宽高度构成

（3）下摆展宽量：按图6-25所示固定旋转点展宽下摆10cm。

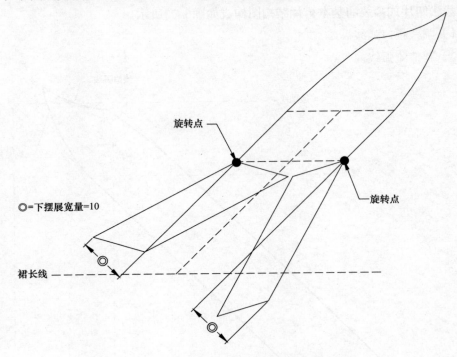

图6-25　斜裁法四片式裙装展宽量构成

（4）调整弧线：如图6-26所示调整裙侧弧线、下摆弧线。

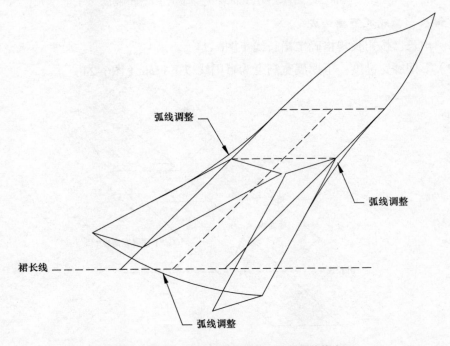

图6-26　斜裁法四片式裙装侧弧线、下摆弧线构成

7. 斜裁法四片式裙装裙片结构图构成

绘制斜裁法四片式裙装裙片的腰口弧线、侧弧线及下摆弧线（图6-27）。

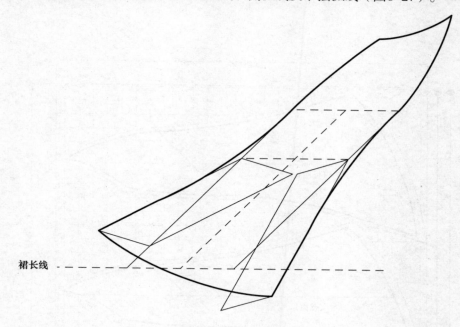

裙长线

图6-27　斜裁法四片式裙装裙片结构图构成

8. 斜裁法四片式裙装裙片样板构成

斜裁法四片式裙装裙片样板中的布料丝缕方向如图6-28所示。

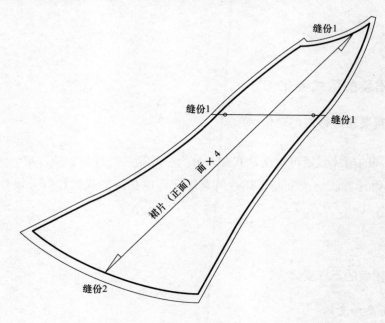

缝份1

缝份1

缝份1

裙片（正面）面×4

缝份2

图6-28　斜裁法四片式裙装裙片样板构成

9. 斜裁法四片式裙装排料图

斜裁法四片式裙装的排料图如图6-29所示，排料时应注意丝缕线的摆放方向。

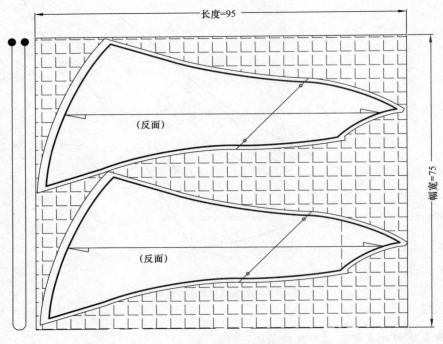

图6-29　斜裁法四片式裙装排料图

四、斜裁法裙装的款式变化

（一）斜裁法裙装裙片数量的变化

斜裁法裙装的裙片数量可根据款式要求分为一片裙、二片裙、四片裙、六片裙、八片裙等，其结构设计方法为改变基型裙片的宽度，即以裙片款式的片数（设片数=X）为基础，取裙臀围的$\frac{1}{X}$。

（二）斜裁法裙装的下摆变化

1. 展宽高度的变化

斜裁法四片式裙装展宽高度的变化如图6-30所示。

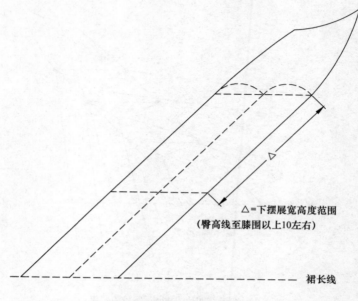

△=下摆展宽高度范围

（臀高线至膝围以上10左右）

裙长线

图6-30 斜裁法四片式裙装展宽高度定位

2. 展宽量的变化

斜裁法四片式裙装展宽旋转点的变化如图6-31所示。

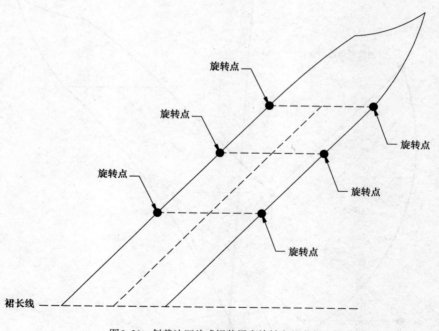

旋转点

旋转点

旋转点

旋转点

旋转点

旋转点

裙长线

图6-31 斜裁法四片式裙装展宽旋转点的变化

斜裁法四片式裙装展宽量的变化如图6-32所示。

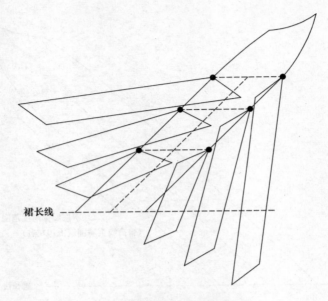

图6-32 斜裁法四片式裙装展宽量的变化

3. 斜裁法裙装的分割线变化

斜裁法四片式裙装分割线的变化如图6-33、图6-34所示。

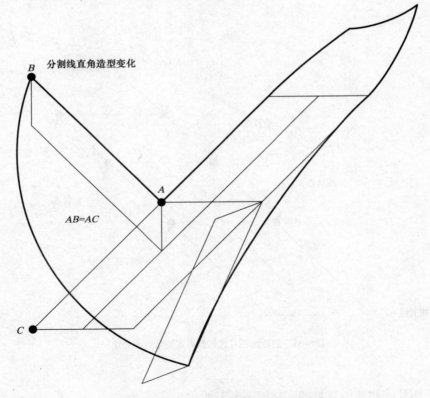

图6-33 斜裁法四片式裙装下摆造型的变化①

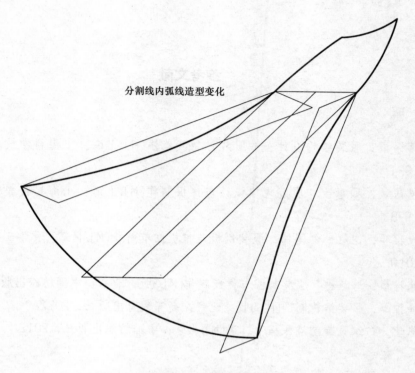

分割线内弧线造型变化

图6-34 斜裁法四片式裙装下摆造型的变化②

本章小结

■ 裙装综合结构设计是指裙装款式中采用两种以上的基型综合处理、某些部位的位置和数量的特殊处理以及采用非常规结构设计方法处理裙装的款式变化等。

■ 形成斜裁法的重要元素无疑是布料的基本属性，布料的肌理及自然弹性是斜裁法的精髓所在。具体地说，即布料的质地、丝缕及悬垂性是支撑斜裁法的重要元素。

■ 斜裁法裙装结构设计的方法可分为立体构成与平面构成。

■ 由于服装工业生产的需要，快捷化、高效率成为当务之急，因此采用斜裁法时，选用平面结构设计方法对较为成熟的一般款式进行结构设计无疑是必要的。

思考题

1. 简述综合性裙装的基本特点。
2. 简述斜裁法的重要元素有哪些？
3. 斜裁法的结构设计方法有哪几种？
4. 简述斜裁法裙装结构设计的具体步骤。
5. 简述斜裁法裙装与一般结构设计方法的区别点。

参考文献

[1] 蒋锡根. 服装结构设计——服装母型裁剪法[M].上海：上海科学技术出版社，
    1994.

[2] 包昌法，顾惠生. 服装规格设计与样板制作[M].上海：上海科技教育出版社，
    1998.

[3] 徐雅琴，谢红，刘国伟. 服装制板与推板细节解析[M].北京：化学工业出版社，
    2010.

[4] 徐雅琴，马跃进. 服装制图与样板制作[M].3版. 北京：中国纺织出版社，2011.

[5] 徐雅琴. 服装结构制图[M].5版. 北京：高等教育出版社，2012.

[6] 陈莹. 纺织服装前沿课程十二讲[M].北京：中国纺织出版社，2012.

中国国际贸易促进委员会纺织行业分会

　　中国国际贸易促进委员会纺织行业分会成立于 1988 年,成立以来,致力于促进中国和世界各国(地区)纺织服装业的贸易往来和经济技术合作,立足为纺织行业服务,为企业服务,以我们高质量的工作促进纺织行业的不断发展。

简况

每年举办(或参与)约 20 个国际展览会
涵盖纺织服装完整产业链,在中国北京、上海和美国、欧洲、俄罗斯、东南亚、日本等地举办
广泛的国际联络网
与全球近百家纺织服装界的协会和贸易商会保持联络
业内外会员单位 2000 多家
涵盖纺织服装全行业,以外向型企业为主
纺织贸促网 www. ccpittex.com
中英文,内容专业、全面,与几十家业内外网络链接
《纺织贸促》月刊
已创刊十八年,内容以经贸信息、协助企业开拓市场为主线
中国纺织法律服务网 www. cntextilelaw.com
专业、高质量的服务

业务项目概览

中国国际纺织机械展览会暨 ITMA 亚洲展览会(每两年一届)
中国国际纺织面料及辅料博览会(每年分春夏、秋冬两届,分别在北京、上海举办)
中国国际家用纺织品及辅料博览会(每年分春夏、秋冬两届,均在上海举办)
中国国际服装服饰博览会(每年举办一届)
中国国际产业用纺织品及非织造布展览会(每两年一届,逢双数年举办)
中国国际纺织纱线展览会(每年分春夏、秋冬两届,分别在北京、上海举办)
中国国际针织博览会(每年举办一届)
深圳国际纺织面料及辅料博览会(每年举办一届)
美国 TEXWORLD 服装面料展(TEXWORLD USA)暨中国纺织品服装贸易展览会(面料)(每年 7 月在美国纽约举办)
纽约国际服装采购展(APP)暨中国纺织品服装贸易展览会(服装)(每年 7 月在美国纽约举办)
纽约国际家纺展(HTFSE)暨中国纺织品服装贸易展览会(家纺)(每年 7 月在美国纽约举办)
中国纺织品服装贸易展览会(巴黎)(每年 9 月在巴黎举办)
组织中国服装企业到美国、日本、欧洲及亚洲等其他地区参加各种展览会
组织纺织服装行业的各种国际会议、研讨会
纺织服装业国际贸易和投资环境研究、信息咨询服务
纺织服装业法律服务

更多相关信息请点击纺织贸促网 www. ccpittex.com